锂光

动力电池硬核入门

刘冠伟 ◎ 著

清华大学出版社

北京

内 容 简 介

动力电池是电动汽车行业的核心技术，在最近十年中发展十分迅速，吸引了很多人前来学习、了解，以及在此就业。与此同时，很多人群也希望更好地了解该领域，如在校学生、动力电池行业新入职者、需要研究该行业发展的金融业从业者，以及转行进入该行业的朋友们等。对于任何一个行业来说，都需要一些教材为入门者提供全面的科普，但是动力电池行业具有技术发展速度快、涉及知识面广的特点，这也给科普这一任务提出了难题。目前市面上存在着很多关于锂离子电池、动力电池及电动汽车行业的科普书籍，但是总体来说很少有书籍基于工程而非科研视角，为广大入门者提供整个行业知识的入门指南，帮他们整体构建一个完整的动力电池知识体系，形成对行业的整体认识，而不只是专门聚焦于一个或几个研究方向进行特别学术性的深入介绍。本书意图填补如上所述的动力电池知识科普领域的空白，将主要分为以下几部分来介绍动力电池行业，力图为入门者建立一个基础的动力电池知识框架。本书先从电芯的电化学工作机理和材料开始介绍电池技术的基础（第 2 章），然后介绍软包、方形、圆柱三种典型的电芯封装方式及结构设计上的优劣（第 3 章），接下来说明如何把电芯集成到电池系统，以及目前主流的提高电池系统集成度的方案（第 4 章），在第 5 章会介绍动力电池技术涉及的基本物理量，并说明在不同的应用场景中对这些性能参数的期待是什么，接下来在第 6 章中会列举几项动力电池技术目前面对的代表性的技术挑战，实际上这也为未来技术发展指明了方向，在第 7 章中会介绍典型的具有一定竞争力的新型电池技术，并比较它们与目前常用的锂离子电池具有什么样的优势和不足，最后（第 8 章）则会重点聚焦于职场发展，针对不同情况的人群给出一些职业发展方面的建议。笔者希望基于本书提供的知识体系，可以给各位读者尤其是对动力电池工业界还不太了解的朋友们建立一个认识框架，以帮助各位在未来的学习和工作中更快地上手，在职场中更好地发展。

图书在版编目（CIP）数据

锂光：动力电池硬核入门 / 刘冠伟著 . —北京：清华大学出版社，2024.5（2024.8重印）
ISBN 978-7-302-66072-9

Ⅰ . ①锂… Ⅱ . ①刘… Ⅲ . ①电动汽车－电池－管理 Ⅳ . ① TM91

中国国家版本馆 CIP 数据核字 (2024) 第 072578 号

责任编辑： 郭　赛
封面设计： 杨玉兰
版式设计： 方加青
责任校对： 王勤勤
责任印制： 丛怀宇

出版发行： 清华大学出版社
　　　　　网　　　址：https://www.tup.com.cn，https://www.wqxuetang.com
　　　　　地　　　址：北京清华大学学研大厦 A 座　　　　　邮　　编：100084
　　　　　社 总 机：010-83470000　　　　　　　　　　　　邮　　购：010-62786544
　　　　　投稿与读者服务：010-62776969，c-service@tup.tsinghua.edu.cn
　　　　　质 量 反 馈：010-62772015，zhiliang@tup.tsinghua.edu.cn
印 装 者： 三河市铭诚印务有限公司
经　　销： 全国新华书店
开　　本： 170mm×230mm　　　　**印　　张：** 12　　　　**字　　数：** 208 千字
版　　次： 2024 年 5 月第 1 版　　　**印　　次：** 2024 年 8 月第 2 次印刷
定　　价： 58.00 元

产品编号：102063-02

前言 · PREFACE

众所周知，随着对环保、能源安全等问题的日益关注，能源转型已经成为目前全球各国的发展焦点。而在能源转型的众多子方向中（如可再生能源使用、各领域的电能替代、智能电网等），电动汽车可以说是其中最重要的发展方向之一，而电池在电动汽车中又是最为关键的部件和技术。在电动汽车领域应用的电池也常常被叫作动力电池，而锂离子电池则是目前电动汽车动力电池领域中核心的最主流技术。本书也将围绕这个话题展开，为读者详细讲解动力电池行业中的入门科普知识，希望可以为还不太了解动力电池行业的读者们构建起一个初步的知识体系。

本书是一本侧重于给学生、非专业人士、初步进入动力电池领域工作的职场入门者用于了解动力电池行业的硬科普书籍。目前市面上存在着众多介绍锂电池或动力电池的书籍，它们大多侧重对电池知识的几方面进行专、精、深的介绍，都或多或少地存在着深度够而广度和通俗性不足的问题：

有的侧重于锂离子电池的材料化学理论研究，而对于工业生产和应用涉及很少；

有的则过于偏向动力电池的实际应用或系统集成设计，少了一些对于材料、化学基础技术的铺垫；

这些书籍中的很多都是几年前出版甚至是年代更早的作品，无法体现出最近几年来全球动力电池行业技术迅速迭代产生的最新成果。

综上所述不难看出，目前动力电池业内的知识介绍书籍，很少有一本书能形成一个比较完整的动力电池知识体系，体现出行业最新的发展成果和技术演化趋势，并且能为最需要建构知识体系、了解行业情况的入门者提供一个行业知识的全貌。

  本书的定位则与以上所述的这些书籍不同，填补了动力电池知识体系建构＋入门科普这样一个空白。它介绍了动力电池行业全貌、工业界的核心技术及发展方向，从电池的材料开始铺垫基础电化学知识，然后介绍电池的结构设计与生产工艺，分析如何把单体电池集成为系统，再在电池的性能与应用、新技术挑战和发展方向方面做介绍，构建了完整的动力电池知识体系，并在最后一部分针对行业新人给出了职场发展初期的主要建议。

  本书行文忠实于动力电池行业的严格定义，在术语表达上尽量保证与工业界术语的严谨一致，但是为了照顾广大读者而尽可能地采用相对通俗的语言。总体来说，本书与一般的电池学术书籍相比，知识覆盖面更宽、语言更通俗、受众面更广，期望可以给在校学生、毕业生、行业新人与有兴趣转行进入的朋友一个基本的行业情况认识，帮助读者在最短的时间内建立起对行业的整体理解，以便于更深入学习和了解该行业并更好地在该领域工作。

  本书介绍动力电池技术，主要内容包括：电芯单体组成材料，电芯结构设计，电池系统设计，基本物理量介绍，性能与应用场景，技术挑战，新技术介绍，职业发展建议。即先材料后结构（先介绍电芯中的主要材料，再介绍这些材料如何组成电芯，以及如何生产制成），先小再大（从电芯单体到电池模组／系统），先物质后物理再应用（先介绍化学和结构是什么，然后再看它们的性能如何，最后再看如何使用，以及技术挑战是什么），整个技术部分结束后，再在全书最后的章节与读者分享一些很多人关心的本行业职场中如何发展的个人经验和建议。

  希望通过阅读本书，各位读者能够建立起动力电池行业的基本知识体系架构，并在职业生涯初步阶段的个人发展方面得到有价值的参考建议，帮助自己更快地入门、成长，获得更好的发展。

编 者

2024 年 4 月

目录
CONTENTS

第1章 动力电池：新能源汽车的心脏

⦀ 1.1 绿色能源转型大背景下的新能源汽车发展浪潮

近年来，基于环保、能源安全、寻找新的经济增长点等多方面因素的考虑，世界各国对于绿色发展日益重视，尤其是以中国及西方发达国家为代表的各国，都在工业、经济、生活的各领域中开始了广泛的绿色能源转型进程，比如：

在能源发电领域中光伏和风能的占比不断增加。

以氢为代表的燃料电池技术正在不断发展，并且在商用车、冷热电联供应用方面正在不断普及。

对于传统能源的使用（石油、煤炭等）正在不断减少，在很多领域中都实现了电能替代（比如火车、取暖等领域），整个能源结构正在变得更加绿色。如图 1.1 所示，在最近的半个世纪以来，全球的一次能源消耗结构中石油、煤炭的总和占比正在持续下降，可再生能源的份额正在不断增加。

当然考虑到本书的主题，我们在这里重点要讨论的自然就是在交通领域发生

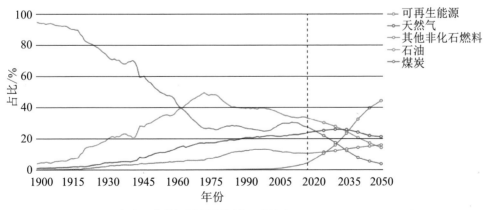

图 1.1　全球一次能源消耗占比情况（摘自 bp-energy-outlook-2020）

的绿色能源转型，尤其是乘用车和商用车方面，这一转型则具体体现在动力总成（Powertrain）上减少内燃机（Internal Combustion Engine，ICE）的使用，而更多地使用电池供能的这一电动化发展进程，通俗地讲，也就是我们常常提到的新能源汽车（New Energy Vehicle，NEV）行业的大发展。在这里要注意，对新能源汽车，我们也常常会用电动汽车（Electric Vehicle，EV）来指代，在不考虑燃料电池汽车（Fuel Cell Vehicle，FCV）时这两者常常可以互相替代，本书中有时这两个概念也会互相混用。

在过去的 30 年中，乘用车（Passenger Vehicle）、商用车（Commercial Vehicle）领域（汽车的两大门类）的电动化水平有了非常明显的进步，包括纯电动汽车和插电混动汽车两大类电动汽车的全球市场占有率明显上升，在 2022 年全球销量创纪录地达到了 1000 多万台，占总量的 13%（图 1.2）。而在电动汽车行业的迅猛发展中，动力电池技术的长足进步可以说功不可没，它支持了许多不同尺寸 / 使用用途汽车的动力源完成了部分 / 全部的电动化。传统上，汽车的动力源主要来自内燃机 [1]，而对于新能源汽车来说，根据其动力源的电气化程度不同，可以进一步进行分类。

图 1.2　新能源汽车的销量和占比（摘自 weforum 网站）

（1）轻混汽车（Hybrid Electric Vehicle，HEV）：即在传统内燃机汽车上加入电池和电机辅助系统以提高整体动力系统的能效。在此类车型中通常使用的动力电池容量比较小（常小于 1kW·h），电池不能外接充电线路进行充电，相应的纯电续航里程比较短，或者干脆就是 0。此时的动力电池主要用于启停 / 辅助支持内燃机提高能效，代表性的车型有丰田最经典的 Prius 混动汽车，如图 1.3（a）所示。在这里另外要注意的一点是：一般德系汽车企业使用的轻混技术常常又称为 48V（使用 48V 的高功率小容量电池包支持动力），但是其工作原理与这里介绍的轻混汽车基本一样，本书并不会深入分析各种混动构型之间的具体区别和对比，在这里也不会展开分析。另外要注意的一点是，轻混汽车因为没有纯电里程，在大多数新能源汽车的统计口径中是不会被计入的，它常常会被列入燃油车 / 新型高能效燃油车之中，因此在后续文章的市场统计中可能这类汽车会缺席，但是其涉及的电池技术我们仍然会关注和介绍，特此提前强调一下。

（2）插混汽车（Plug-in Hybrid Electric Vehicle，PHEV）：也叫插电混动汽车，通常其中装载的动力电池电量中等，可以达到 10 ～ 30kW·h，其动力总成方面的特点通俗地讲就是工作模式多种多样，"可油可混可电，甚至还可增程"。该类汽车电池纯电里程常有 50 ～ 150km，可以满足一般通勤代步需求而不需要使用燃油，而整车中仍然保留的内燃机动力系统又使得其也可以像轻混汽车一样以混动模式工作，或者在电池空电时直接以传统汽车的模式来工作，因此也是目前新能源汽车的重要组成部分，代表性的车型如宝马的 530Le，如图 1.3（b）所示。

（3）纯电动汽车（Battery Electric Vehicle，BEV）：该类汽车完全去除了传统内燃机的动力总成，全面依靠电池提供的动力源及电机、电控对车辆进行驱动，电池容量一般为 20 ～ 110kW·h，对应覆盖从 200km 短续航到 800km 长续航的各等级车型的需求，代表性的车型如特斯拉的 Model 3，如图 1.3（c）所示。

（a）轻混汽车　　　　（b）插混汽车　　　　（c）纯电动汽车

图 1.3　代表性的三款动力源不同电气化程度的汽车（摘自 motoringresearch 网站）

那为什么要大力发展电动汽车行业呢？其发展对于整个交通领域的电动化改革及全世界的绿色能源转型的意义是什么呢？在这里其实有着多重因素的考虑。

（1）对汽车行业进行技术革新的需求：传统内燃机技术发展到了瓶颈期，只依靠改善内燃机来提高动力系统热效率已经比较困难了。

（2）对环保的考虑：交通领域中需要进一步减少二氧化碳（CO_2）的排放及汽车尾气的污染，使用电能替代减少使用燃油可以完美提供解决方案。

（3）与未来的绿色能源结构愿景相契合：目前很多国家都在积极提高电力方面可再生能源发电的占比，而且在全社会的能源使用层面电力使用比例会增加 [2]。

（4）保证能源安全：这也是更重要、更有战略意义的一点，发展电动汽车，汽车的动力总成对于燃油的依赖会明显降低，这可以极大降低对石油等宝贵化石能源的依赖和消耗，保证发展该技术的国家和地区的能源安全 [3]。

可是为什么大多数国家还没有激进地推行 100% 的纯电动化路线（即"禁燃令"）呢？这主要是因为各国都需要结合自身具体实际情况，选择最适合的交通电动化方案和道路。毕竟对于一些面积较小、气候温和、可再生资源丰富、基础设施条件良好的国家（比如欧洲的众多国家）来说，100% 纯电动汽车的目标是相对容易实现的，但是更多的国家情况与此并不相同。

（1）有的国家 / 地区的气候条件更为极端，这对电池的高 / 低温性能是一个挑战。

（2）有的国家 / 地区的面积广袤，而极长途使用场景对于纯电动汽车来说还有一定的问题。

（3）有的国家 / 地区的电力基建条件不尽理想，甚至有的还不能稳定供电，而且即使电力系统强大、基础好，在未来也要面对电动汽车大量接入电网的协调问题，并不是完全没有问题要解决的。

以上这些挑战都是代表性客观条件的限制，对我们动力电池技术的不断进步也提出了更明确的相应要求。此外，目前整个新能源汽车和动力电池行业其实也还处在一个相对早期、蓬勃发展的阶段，技术还在不断演化，各国的产业配套跟进、人才培养和储备也需要时间。因此逐渐地提高电动化程度，在不同应用领域、车型中选择最适合的电动化路线就成为各国目前更为实际的战略方向选择。综上所述，对汽车交通领域进行电动化改革要考虑很多的因素，不能将其简单化考虑为一刀切的激进"禁燃"，这只能是一个终极目标，具体抵达的路径"因人而异"。

虽然存在以上介绍的一些挑战，电动汽车行业的大发展仍然是革命性的，它为汽车乃至整个交通领域的发展都注入了新的活力。

（1）它为动力系统开发提供了新思路，打破了传统上只由内燃机基础定义 / 统领的动力 / 车身结构设计的思维范式。

（2）电动化与汽车行业目前的几个其他发展方向（智能网联 / 自动驾驶）相互联系，互相支持，共同促进了汽车行业在变革时代下的技术演化与革命。

（3）在可再生能源渗透率将更高的未来，电动汽车还将成为我们消纳波动性产生的可再生能源，提高电网稳定性的重要支撑技术和储能媒介，它将会是整个能源系统的重要组成部分。

所以，电动汽车的推广对于汽车领域的技术进步，乃至整个人类文明发展的意义非常大，"三电"系统——电池、电机、电控则是电动汽车动力系统的核心。而在其中，（动力）电池则是重中之重 [4]。

‖▸ 1.2　动力电池："贵""重""高""驱"，电动汽车的核心部件

为什么说动力电池对于电动汽车来说，非常重要呢？

总体来说，有以下几方面的原因，可以简单分析一下。

贵：一辆拥有 B 级车配置的纯电动汽车的典型电量为 70 度（kW·h），基于这一数据，我们来进一步估算电池的成本。假定电池系统价格为 0.8 元 /（W·h）（行业一般值），那么这辆车的电池成本大概有 70 × 1000 × 0.8 = 56 000 元。如果这辆车售价是 20 万元，那么电池就可以占到整车近 25% 的成本，基本可以无悬念地成为这辆车上的"最贵部件"，因此电池的性价比是非常重要的。在过去的 10 年中，动力电池成本的明显下降（从一开始的 3 ～ 5 元 /（W·h）降到现在的 0.7 ～ 0.8 元 /（W·h），这主要来自行业的规模效应和技术的成熟进步）其实是电动汽车行业大发展的重要推动力之一。而即使动力电池技术发展到现在的技术经济水平，大家仍然还在期望着能有更便宜、更经济的动力电池新技术出现，来进一步提高电动汽车的经济性，可以说，对于成本更低的电池技术的追求是永无止境的。此外，在电池的成本中，锂、钴、镍等核心材料的影响和占比非常大，因此动力电池的经济性还会明显受到锂矿等原料价格实时波动的影响，这些资源因素对于行业发展的影响同样也都要重点关注。

重：同样针对这辆有 70 度电电池的 B 级车，如果使用能量密度相对高的三

元电池（假设系统能量密度为170W·h/kg），可以算出其电池系统的重量大概为70 × 1000 / 170 ≈ 412kg，而这一类电动汽车的车重常为1600 ～ 2000kg，电池可以占到整车的20% ～ 25% 的重量，几乎也是整车中最重的部件了。因此我们也需要重视电池的能量密度的提升和配套材料轻量化的研究，还要考虑这么大的重量在车身中应该如何分配摆放、相应的整车结构如何设计、安全性如何保证，以上这些因素都是电动汽车相对于传统燃油汽车在设计方面要面对的颠覆性的变化。

高：动力电池外表看似简单，其实内部结构紧凑复杂而且应用要求繁多，还包括了许多高性能的零件，所以在这里的"高"指的是动力电池的技术要求很高。对于很多人来说，看到电池，不管是电动汽车的电池包 / 系统（Battery Pack/System），还是一颗电池单体（电芯，Cell），可能我们第一眼的感觉就是——这像是一个黑箱子，我也不知道里面是什么，似乎平平无奇？但是其实一个电池包里有很多部件：首先是电池模组，然后模组里有电芯，此外还有很多其他的组件，比如结构件（箱体、梁、胶）、电子电气件（EE Components）等，还有电池管理系统（Battery Management System，BMS），这些东西常常要封装在体积有限的电池包中，再把整包置于汽车底盘部位的狭小空间里，而且还要经受各种可靠和耐久测试，必须满足车规级的各种严苛的测试验证（Validation）要求，所以技术要求很高。

驱：电池相当于传统燃油车中的油箱 + 半个发动机。尤其对于纯电动汽车（Battery Electric Vehicle，BEV）来说，电池中存储的电能就是这辆车唯一的能源供应，因此它相当于传统汽车的油箱功能。不仅如此，电池的工作机理非常复杂，需要对其能力和特性有非常详细深入的研究和标定，才能配合好电机、电控进行功率吞吐工作，让其发挥出自己的能力，从而驱动车辆前进并完成加速、减速等瞬时急剧变化工况等任务。从上文可见，如果非要把动力电池的功能在燃油车中去做类比，其实际上已经超过了传统的油箱的"单纯供能"的范畴，在动力输出方面扮演的角色至关重要。对于燃油车我们常说发动机是核心，而对于电动汽车我们就可以说：其实不只是电机，电池也是动力的核心，因此笔者喜欢把电池称作电动汽车的"半个发动机"——希望通过这样的描述可以更通俗地向读者们彰显它的重要性。此外，这里其实也是一个铺垫：为什么个人认为换电这一技术想要做到不同企业之间可以互通基本上是不可能的——很难想象，尤其是在乘用车这种私人财产中，不同企业车型之间还可以进行发动机的互换，这可是这辆车中最核心的部件啊（图1.4）。

图 1.4 典型的电动汽车动力电池包外观示意图（左侧部分露出了内部结构）

（摘自 Greencarreports 网站）

综上所述，动力电池的这四大方面的特性"贵""重""高""驱"决定了其在电动汽车动力系统乃至整车中的重要位置，因此它是电动汽车中的核心部件。

1.3 典型的动力电池系统 / 电池包的结构与组成

一个动力电池（Vehicle Battery）也常被叫作"电池包"（Battery Pack），其常常有一个机械外包络作为电池最外层的保护，提供机械支持和安全保护。在这里，我们可以对这个电池包的结构和组成，做进一步地透视分析，看看里面主要有哪些组成部件，如图 1.5 所示。同时需要注意一点：实际上电池包中有很多个组成部分，以下列出的只是主要代表部件，并不是电池包中所有部件的穷举。另外还需要再注意一个概念上的区别和联系：对于动力电池，电池包这一概念常常侧重于物理上的机械结构整体，而电池系统则更多地用于抽象概念，比如能量系统、组织集成概念等，不过在初期入门介绍中，它们之间常常是可以互相通用的。

电池管理系统（Battery Management System，BMS），在图中的左上角——它相当于电池系统的大脑，会管理电池体系的运行，监控它的工作、健康和安全状态，可以指挥其与车辆动力系统中的其他部件（如电机等）进行协作互动，还可以在电池的某个部件（比如模组、电芯）出了问题后及时发现、提示并做出诊断和应对方案，并在要出现潜在安全风险时提前预警，保证防患于未"燃"。

热管理（Thermal Management），即电池包的最下面这些横置的灰色管路——其与系统中的换热器相连（类似于"空调"的功能），可以通过提供冷却 /

上箱体

电池管理系统
（BMS）

模组

母排/汇流排

下箱体

热管理

下箱体

图 1.5　典型的电动汽车动力电池包内部结构示意图（摘自电动新视界／网站 motoiq）

加热的液体介质与电池系统中的各电芯进行热交换，来保证我们的电池系统中的每一节单体电芯尽量都在 20 ～ 30℃这样的一个最为合适的温度区间工作。还要进一步强调的是：一定要保证电池包内的各个模组、电芯都要处于相同／相近的温度，这样才能保证其出力情况基本是一样的（电池的工作能力受温度影响很大），而且这对于保证电池系统的寿命及更进一步保证电池安全都是至关重要的。最后还要注意一点：电池中的热管理系统常常会包括很多种部件，不同车的热管理系统的设计和工作原理也各不相同，常见的还有 PTC（Positive Temperature Coefficient，正温度系数加热器）加热、U 形管等典型的方案，而冷却也会有直接冷却和经过换热器冷却两种不同思路，因为篇幅限制在这里就不一一展开了。

　　上箱体（Upper Housing，常常也叫 Cover），下箱体（Lower Housing，有时也叫 Tray）——就是这个电池包最外面的机械外壳，可见其分为上、下两部分。电池包作为一个机械结构件，需要强有力的外保护，通俗地讲就是需要箱体成为电池包穿上的一层结实的"衣服"，否则整个系统无法应对各种严苛的机械滥用测试挑战（冲击、振动、挤压等）。这件"衣服"一般分为上、下两部分，"穿"的时候一般顺序是：先在下箱体中进行各种组件的安装，再放上上箱体，最后用胶／螺栓等密封上下箱体的连接处。对于上、下箱体这种结构件来说，对它们的要求和一般机械领域中对结构件的典型要求并没有明显的差别，总体上还是力学方面的典型指标要够高（强度、刚度等），还要向轻量化方向去努力（尽量使用新的复合轻质材料）。不过稍有不同的一点是，近年来，电池安全受到的重视越来越多，考虑到电池包的热失控 - 热扩散的应对问题，也要求箱体材料应该具有一定高温下的结构稳定性，这样才能达到综合各方面的性能指标要求。

母排 / 汇流排（Busbar），即把电流从模组中收集汇合出来，最终形成集中输送的"主航路"，并成为电池中的每一个电芯 / 模组与电机、充电系统等进行能量沟通的桥梁。如果说每一节电芯之间互相连接的电路是"小溪"，那这里就已经是最后汇集成的"江河"了，这就要求它能够承受高电压（400V/800V）、大电流（取决于该辆汽车的快充能力，比如 200kW 快充 /400V 系统的最大电流可达 200 × 1000/400=500A），还要满足一些涉及电池包安全的整体要求（高温稳定性、表面绝缘防拉弧等）。

电子电气元件盒（EE One Box）在图 1.5 的结构中并不典型，因此并未专门标注出，但是在图 1.6 中给出了一个典型示例。电池包作为一个高压电气件，需要很多电子电气元件（EE Components）的支持，以便于跟整车中的其他部分进行功能上的互动，这些元件主要包括继电器、车载充电器 OBC、交直流转换（AC/DC）等。在不同的车型上，这些元件的具体摆放方式可能是不同的：比如在有的汽车中可能会分散到几个不同的地方去（几个在电池包中，几个在其他地方）；也有的会全部集成在一个盒中（业内常称为 EE-One-Box，即高度集成化电子电气元件盒）。在分散和集中摆放方面，大家各有各的具体设计方案。但是总的来说，目前汽车行业电动化中对于各核心部件发展方向的要求就是结构要清晰精简化，尽量提高集成度，因此放在一个盒里的 EE-One-Box 设计效率要更高一些，也更符合行业发展的方向。在这一方面，没有太多传统燃油车设计包袱的创新企业就更容易做出集成度更高、结构更简约的电子电气件的集成设计，比较典型的有特斯拉 Model 3（见图 1.6）及比亚迪最近推出的许多车型。这样的高效设计对于节省空间（看看特斯拉最后能在整车层节省空间做出的前备箱设计）、提高系统运行效率、降低成本都是很有意义的。

模组（Module）——在这个电池里面占据了绝大多数体积的一个个灰色的"盒子"，就是电池的模组。虽然目前很多电池系统都在走电芯直接集成到电池包（即跳过和取消模组结构）的 CTP（Cell to Pack）技术路线，这的确也是行业整体发展的技术趋势，但是为了方便读者入门学习，我们在本书中还是遵循最为经典的电芯—模组—电池系统三级集成的传统设计思路来为读者进行介绍。模组

图 1.6　特斯拉 Model 3 的高度集成化电子电气元件盒（EE One Box）实物图

就是我们的电池系统中的能量存储单元，也是一节节电芯的"容身之所"。一般一个模组里常常会有 12 节电芯，但是根据设计不同，有时也会容纳更多的电芯（比如大模组概念，再比如圆柱电池系统中的模组）。模组里面主要有哪些组成部分呢？这需要在下一节的内容中展开回答。

📊 1.4　能量存储单元：从模组到电芯单体

如图 1.7 所示，从外观上看，其实模组也很像一个更小一点的"黑箱子"，但如果给它再做一个透视／进一步的拆解，它的内部是这样的：一个模组其实像一个抽屉，里边有很多本"书"，然后一本"书"就是一节电芯单体（Cell）[5]。每一节电芯单体根据定义的要求进行串／并联的电气连接（最终接入母排 Busbar），并且也与信号采集的电路 CCS（Cell Connection System，电池盖板组件）进行连接并最终接入电池管理系统（BMS）。每一／几节电芯之间，常常会需要放入一些填充物（图中蓝色填充物）[6]，这里图示中的填充物是泡棉，其常常具有缓冲及隔热的功能；但是不限于此，有时电芯之间还会填充胶，用于强化机械连接并提供热学方面的支持（导热胶）。然后模组作为一个"迷你"电池包，它也需要穿上结实的"外衣"用以保证基本的力学强度／刚度，在这里其对应的机械保护就是端板和侧板，来抵抗外界力／热的一些冲击。

对于模组这个能量存储部件来说，其最终的能量存储其实还是要靠里面的一节节电芯（抽屉里的一本本"书"）来实现的，那么每一节电芯又由哪些材料组成？它的工作原理是什么呢？

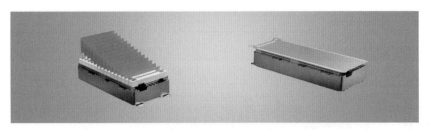

图 1.7　典型的电动汽车的模组的内部结构及外观

　　电芯单体（Cell）作为动力电池的最基本也是最重要的组成单位，如图 1.8
所示，我们接下来就要对其进行更进一步的剖析，看看它的内部结构是什么样
的，由哪些材料组成。既然电芯单体是一个电化学的储能器件，那我们就先从其
组成材料和电化学机理的部分开始讲起。

图 1.8　动力电池的典型单体电芯（图片摘自 lifepo4battery-factory 网站）

参考文献

[1] IEA. Global EV Outlook 2022. 2023.

[2] 亿欧智库 . 2022 全球新能源汽车动力电池发展研究 . 2022.

[3] Bloomberg NEF. Zero-Emission Vehicle Factbook, Bloomberg Philanthropies. 2022.

[4] The Birth of the Lithium-Ion Battery, Angewandte Chemie, Akira Yoshino,
Angew. Chem. Int. Ed. 2012.

[5] Promise and reality of post-lithium-ion batteries with high energy densities,
NATURE REVIEWS | MATERIALS, 2016.

[6] Thermal-Responsive, Super-Strong, Ultrathin Firewalls for Quenching
Thermal Runaway in High-Energy Battery Modules, Energy Storage Materials. 2021.

第2章 材料与电化学：电池的基础是化学与材料

作为动力电池的最主流技术，锂离子电池（Li-ion Battery）可以进行可逆的充电和放电，从而反复地存储和释放能量，因此作为汽车的能量源来驱动车辆行进。动力电池系统（Battery System）由许多节单体电芯（Cell）组成，而每一节单体电芯里都有非常多的组成材料，这些材料的每一种都缺一不可，它们共同组成了电芯这个器件/小系统，使电芯可以遵循电化学反应的基本原理来进行充放电反应，从而实现电能的可逆存储和释放，并且在其他方面的功能上（尤其是在安全方面）可以满足系统对其的要求。电化学技术的基础原理表面看起来很简单，但是实际上在细节方面存在大量复杂的机制，每一个材料/领域里都有值得不断深挖的东西；而且随着技术的不断发展，很多新型材料体系也在不断克服挑战逐渐走上实用化的道路，在这些新的领域中也还有很多要研究探索、改进优化的空间和方向，这也为技术的不断进步保留了无限的可能性。

在这一章里，我们将先从电化学基础知识讲起，把电池/单体电芯最基本的工作原理告诉读者，并进一步地介绍电池中的主要核心材料的特点和技术发展趋势，最后再结合电池中的各种主要组成成分来给读者分析，为什么电池行业的原料/供应链对于这个行业的成本控制和良性发展来说非常重要。

另外还要注意的一点是，锂离子电池的主要使用领域其实主要有三大方面：消费电子（Consumer Electronics，CE，有时也叫3C）、储能（Energy Storage），以及动力电池（Vehicle Battery）。在这三个领域中使用时，锂离子电池的设计、生产等的关注点并不会完全相同。而考虑到本书的主题是动力电池（用的锂离子电池），在后面行文时有时可能会把锂离子电池与动力电池两个概念做适度的混用（毕竟本书中提到锂离子电池基本不涉及消费电子和储能领域），请读者们注意。

▐▶ 2.1 一次电池与二次电池：一个不能充电，另一个能

在正式进入电池组成材料方面的介绍前，为了铺垫基础知识，还是需要先给读者明确一些关于电池的电化学（Electrochemistry）方面的基本概念：电池中的能量都是以化学能的形式存储的，在使用的时候电池中的化学能会以可控的方式转化成电能并释放出来供使用。从工作原理上，可以把电池分为两大类，即一次电池和二次电池。笔者从网络上搜索了一下它们的定义，分别如下：

一次电池（Primary Battery）："Known as disposable or single-use batteries and as their names suggest these can only be used once. The reason for this is that the materials inside the battery change in an irreversible way during its discharge[1]." 即该类电池通过电化学反应储能，使用时进行放电，发生的是不可逆的反应，在此过程中化学能转化成电能释放。这样的电池只能使用一次，使用后就需要丢弃（Disposable）——所以大家日常中使用的不能充电的电池都是一次电池（也叫原电池），我们平时用的大多数不可充电的 5/7 号碱性电池、锌空电池、镁锰电池，还有纽扣电池（常常也叫锂原电池）等都属于这一类。注意：这类电池从工作原理上说明了不可充电，如果硬要给其充电会造成危险，在这里要再强调一下：不可充电的电池就是不可充电的。

二次电池（Secondary Battery）："Are so-called rechargeable batteries that can be discharged and recharged again and again. The discharge and recharge happen through an electric current, where a reverse current then helps to restore the electrons to their original composition. The chemical reaction in the battery happens in a reversible way[1]." 该类电池当然也要通过电化学机理储能，但是这种电池没有电以后可以充电，即电化学储能反应是可逆的：放电时化学能转化成电能，充电时反应正好相反，即电能转化成化学能。这样的电池就可以重复使用，因此字面定义上的"二次"（Secondary）也就好理解了——不只是"二次"，这里理解为"非一次 /多次"其实更为恰当[2]。

我们日常生活中用到最多的锂离子电池（比如手机电池、汽车动力电池）等都属于二次电池这一类——用光了电就要充，充了继续用，有很多圈的循环寿命。一次电池、二次电池它们的特性不同，适用场景也不一样，但都是非常重要的技术，为我们的生活都带来了很大的便利性。

13

⫼⫼ 2.2　电池与电芯的概念：系统 VS 单体，不可混淆

在第 1 章中我们已经介绍了动力电池的电池包 / 系统一般叫 Battery Pack/ System，而在这一节中我们要强调一下：在行业术语的严格表达习惯中，Battery 这个词一般认为的是电池包 / 系统，而不是我们一般生活 / 工作中常说的单节电池——单节电池在行业中我们使用的术语一般是单体电芯（Cell），两者是不可以混用的。尤其是电池的学术界中，常常还会沿用一般的习惯，直接把单体电芯也叫作 Battery，对于从学术界进入工业界的朋友来说尤其要注意这一点。

这个知识点其实还可以做进一步引申：有时我们会看到一些行业新闻（不管是国外的新闻还是国内很多直接翻译过来的报道），其中常常会说"XX 汽车企业建设了电池工厂"。那么这是 Battery 电池工厂（其主要工作常常是把 Cell 或模组 Module 装成 Battery）还是 Cell 电芯工厂（从电芯的各种原材料造出 Cell）呢？这可得仔细看。制造单体电芯与生产电池对于企业的知识储备、环境控制、人才需求截然不同。单体电芯制造在材料、化学方面侧重更多，车企在这方面大多不是最专业的；而对于电池制造来说，其更多聚焦于机械和电气方面的核心知识（Know-How），这对于汽车企业来说相对就容易上手得多了。

因为在很多情况下，写新闻和翻译新闻的人也不见得真能明白电池（Battery）和单体电芯（Cell）之间的区别，所以才会有了如上所述的很多不准确的新闻报道，并且可能还会在解读上引起更多的偏差。从目前看，很多汽车企业对于电芯工厂的建设还是属于观望 / 小规模尝试阶段，也就是大众、特斯拉这样的对于产量和价格控制的需求最为突出的企业，才会在电芯自产方面的动作要更为明确一些，原因如上所述：制造电芯毕竟投入大，要求高，知识体系对于整车厂也更难上手。所以在网上能搜到的很多车企建设电池工厂的新闻大多是指电池（系统），比如图 2.1 和图 2.2 所示的两个例子，基本说的都是电池包 / 系统而非电芯。

在这里要再强调一点，从之后的章节开始，本书中会把动力电池 / 锂离子电池用的单体电芯（Cell）尽量都统一称为"电芯"，而把电池系统 / 电池包（Battery Pack/System）统一称为"电池"，这样可以与行业内的专业术语使用习惯保持一致，也希望各位读者能够适应这样的表述方式。

图 2.1　建于 2019 年的北京奔驰电池工厂（来自太平洋汽车网）

图 2.2　新闻报道：BMW 将在莱比锡生产电池（系统）（来自 Electrive 网站）

▏▶ 2.3　电芯的主要组成材料：这个"黑盒子"学问可大了

经过了前面两节铺垫完专业知识基础背景后，我们开始进入正题，来看一下电芯里面主要有什么组成部分，以及其大概的工作原理什么样。

图 2.3 中给出了一个行业中典型的使用方形（Prismatic，有时也叫硬壳，Hardcase）电芯的外观示意图。如果我们进一步剖析透视其内部，其大概的结构就如图 2.4 所示，在这里我们也把其中主要组成材料都标注出来了，接下来分别介绍。

图 2.3　一个方形电芯的外观

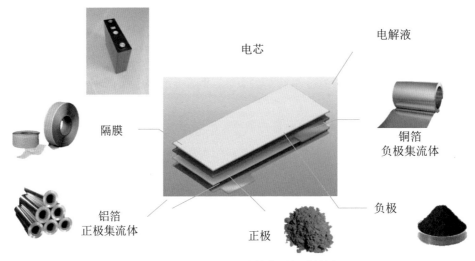

电芯

电解液

铜箔
负极集流体

负极

隔膜

铝箔
正极集流体

正极

图2.4　一个方形电芯的典型组成材料

2.3.1　正极集流体

正极集流体即为了正极（Cathode）使用的集流体（Current Collector），是在图中浅色（偏铝／银色）的片状结构，其浅色／金属色的外观其实正对应了其一般使用的材料质地——铝。集流体在电芯中的作用是：（1）让正极材料涂布于其上，为其提供机械附着；（2）正极材料在发生电化学反应时，相应的电子也要通过正极集流体流入／流出，集流体的一端有一个伸出的像"耳朵"一样的结构，就是极耳（Tab），它可以用于电芯内部的最终电流汇总，然后导通连接到该电芯的正极端子（Terminal）处，来实现电芯与外界的最终电气连接和电子电流导通。

在这里要注意一点，正极集流体使用铝这一材料已经是一个优化解，因为铝质轻，价格比较低廉，又具有良好的电导率，而且在正极的高电位下会有稳定的致密氧化层，这保证了其不会进一步被腐蚀。在新的颠覆性技术产生前，目前我们还看不到什么材料有替代铝集流体的潜力。

2.3.2　负极集流体

负极集流体即为了负极（Anode）使用的集流体，该材料在电芯中体现的外观结构与正极集流体很像，同样是一个金属片／箔材（但是颜色标成了黄褐色）伸出了一个极耳的结构。在正极集流体那里涂布的是正极材料，而在这里涂的就是负极材料（常见的比如石墨 / 硅等），然后负极集流体也是要把电子最终汇流到极耳处，最终再汇集到负极的总端子处并与外界完成电气连接。

与正极集流体的材质考虑一样：负极使用铜，同样是已经优选过的结果。因为在负极低电位下，铝是没法用的（会与锂元素发生合金化反应），而铜箔因为其具有良好的综合性能（延展性易做薄，电导率好），成为目前负极集流体的主流材料。但是使用该材料时要注意一点：铜比较怕氧化，如果受到了高温 / 潮湿等环境的过度影响，就会发生氧化反应并进而产生很麻烦的一系列后续问题，极片报废乃至最终的电芯不合格等都不是什么罕见的事例，在极片烘干、电芯生产环境等条件控制不佳时都容易发生。

在这里还要考虑的一点的是替代需求：铜的价格比铝毕竟还是要高出不少，而且其密度（$8.9g/cm^3$，铝只有 $2.7g/cm^3$）也偏大，所以近年来很多机构都在研究使用高分子（比如 PET/PP 等材料）表面包覆铜这一复合集流体的技术，期望其可以带来质轻（能量密度提高）、降本（铜用量更少）及安全性提升（高分子熔化时可以阻断已有的电子通路，从而抑制短路反应的进一步发生）等方面的潜在优势，总体来说是一个非常有趣、实用和有前景的技术方向。

2.3.3 正极材料

如上所述，我们需要把正极材料（Cathode Material）涂覆在正极铝集流体上，该材料是电芯的正极中的真正有活性、会储存能量、能 "干活" 的材料。

但是一般的纯的正极材料原料（比如磷酸铁锂、三元材料等）就是一些黑色的粉末，它是没法直接与集流体结合在一起的，那怎么办呢？我们就需要把正极材料和一些导电剂粉末（提供导电网络的加强支持，比如炭黑、碳纳米管等材料）及含有黏结剂（比如 PVDF 黏结剂、聚偏二氟乙烯、Polyvinylidene Fluoride）的胶液混合在一起，通过一定的搅拌——分散工艺做成均匀的浆料（在工业中常要混合 5～6 小时，在实验室里常常可以很短），然后再涂布薄薄的一层（100 微米左右）在集流体上。烘干后，黏结剂 PVDF 就会像网络一样把正极材料和正极中使用的其他辅助材料（比如导电剂等）给 "抓" 在一起，而且 PVDF 还会与集流体金属的表面形成黏附作用，从而使正极材料可以稳定地附着在正极集流体上。良好的黏结剂可以把正极 / 负极材料牢牢地抓附在集流体上，而且电芯在可逆的反复放电充电反应中常常会伴随着体积变化和应力产生（主要来自正极 / 负极材料的体积变化），此时强有力的结合附着力就会格外重要——

如果性能不好，可能在使用一定时间后会发生极片开裂乃至材料脱落的现象，这对于电芯的性能会造成非常严重的不良影响。

2.3.4 负极材料

与正极类似，我们还需要把负极材料（Anode Material）涂布在负极铜集流体上，同样与 2.3.3 节相对应，它们是电芯负极中真正有活性、会储存能量、能"干活"的材料。负极材料常常是石墨（有的体系里也已经有硅材料的使用了，但处理工艺的原理与石墨负极没有本质区别），它也是黑色的粉末状物质，使用时同样要将其与导电剂粉末及胶液混合，经搅拌一分散后得到均匀的浆料，然后再涂布薄层在集流体上，干燥后即可使其稳定附着在负极集流体上。

在这里还要说明的一点是：正极制备浆料时使用的胶液中的溶剂基本上一直是 NMP（N-甲基吡咯烷酮，N-Methylpyrrolidone，C_5H_9NO）物质，虽然其毒性较小，但是也不能随便向外界环境直接排放，使用时都要形成闭环的回收利用（涂布完极片干燥时都需要专门的回收装置）。而在负极方面，以前也是广泛使用 NMP 基的胶液，现在随着技术的发展，基于水基（就是用水作溶剂）的新型黏结剂体系已经得到了广泛使用，比如 CMC（羧甲基纤维素，Carboxymethyl Cellulose）、SBR（丁苯胶乳黏结剂，Styrene Butadiene Rubber）等。水性体系使用起来在干燥回收方面会更为容易（不用闭环回收），而且对于环境的水分控制要求也宽松了许多（因为本身就是水基的），此外与新一代的化学体系（比如硅）的相容性也不错（反观正极的高镍材料就非常怕水），所以目前该技术路线发展非常好，已经在负极中极片生产的大多数场景中取代了传统的 NMP 基的工艺。

2.3.5 隔膜

电芯中的正极和负极之间是不可以产生直接的机械接触的，如果接触了就会产生短路（Short Circuit），这是滥用（Abuse）的一种情况，如果严重甚至会导致安全事故发生。而在电芯内部，就需要使用隔膜（Separator）把正极和负极在物理上隔绝开。隔膜一般的材料就是 PP（Polypropylene，聚丙烯）/PE（Polyethylene，聚乙烯）等高分子材料，但是与我们平时见到的塑料膜／瓶等材质不同，这里作为原材料的 PP/PE 经过干法／湿法工艺（隔膜生产的两大主流工艺）处理制成隔膜后，其厚度非常薄（可以到 10μm 以下），但是又具有一定的机械强度（保证不能轻易失效导致短路，对高温和异物刺入都要有一定的抵抗力），而且在微观上呈现出多孔的结构（保证电解液导通）。

隔膜轻薄但是又需要具有一定的强度，并且还要能够抵抗电芯内部有可能会发生的一系列异常情况——比如析锂长出的枝晶（Dendrite）有可能刺破隔膜等。因此为了进一步强化其综合性能，目前很多企业都推出了涂胶（比如涂 PVDF），以及涂陶瓷的新型隔膜（可以有很多种，从传统的氧化铝到固态电解质都有），以期望它们可以强化基体、提高隔膜的力学性能 / 抵抗能力，以及提供其他辅助功能（比如改善界面结合、净化电解液中的杂质等），这些新型隔膜中的很多产品都已经取得了广泛的实际应用，明显改善了电芯的表现。

另外再要强调一点：隔膜并不是完全封死的，它内部有大量的连通孔隙（如图 2.5 所示），保证液体可以在其中流动（在空气中进行检测的时候，这个连通结构的性能就表现为透气性——这也是该材料重要的质量检测指标）。既然隔膜是保证不让正负极接触的，但是又让液体可以在其中流动连通，这里的液体又是从哪里来的呢？它有什么作用呢？

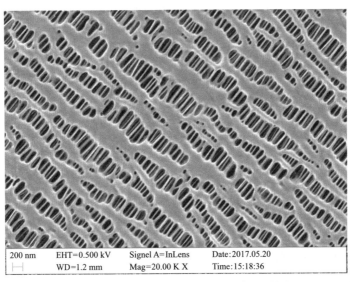

| 200 nm | EHT=0.500 kV | Signel A=InLens | Date:2017.05.20 |
| | WD=1.2 mm | Mag=20.00 K X | Time:15:18:36 |

图 2.5　典型的锂离子电池用隔膜的显微结构示意图（图片摘自 Instrument 网站）

2.3.6　电解液

前面提到的隔膜里的连通孔隙，其实就是为了保证电芯内部结构中充满的液体，也就是电解液（Electrolyte）的流动而设计和存在的。制备电芯通常的工序都是先制备正极、负极极片，将其与隔膜组装在一起，装入电芯的结构壳体中再进行密封，此时并不会 100% 完全封死而是一般会留一个孔用于电解液的灌注。此时再注入电解液液体，然后很快（再经过一些预充排气的处理工序）就要将电芯的内部结构封死，以保证其与外界环境隔绝（常用的是密封钉焊接的工序）。

电解液的主要成分是碳酸酯类（比如 EC/DMC/DMC/DEC/PC 等，它们用于提供基础液相）、锂盐类（比如最常见的六氟磷酸锂 $LiPF_6$，其提供用于离子电导需要的锂离子，此外还有使用越来越多的新型的锂盐比如 LiTFSI 和 LiFSI 等），以及添加剂类（比如常见的 FEC、VC 添加剂等，其可以提供各种各样的功能支持，比如生成更好的 SEI 降低内阻提高循环稳定性，提高电芯的安全性等）。

电解液中由锂盐提供的锂离子（Li ion，Li^+）是电芯里内电路电导需要的载流子（后面会详述该工作机理）。电解液与正极、负极都有直接的接触，有很多复杂的化学 / 力学等微观层面上的相互作用（比如电芯化成的初始反应中会生成 SEI 膜，比如在使用过程中锂离子会反复地从正极 / 负极中脱嵌然后进入电解液中等），而且其成分与注液后的锂电池后段工序（化成激活）的参数高度相关，而该工序又会显著决定最终制备电芯的性能。所以电解液也是电芯中很核心的组成部分，很多电芯企业都会有自己电解液的独门配方，而且常常是公司很高密级的核心技术。随着技术的不断发展，新的材料体系也在不断登上舞台，比如用于 4.4V 甚至更高电压的高电压中镍低钴材料、硅负极材料，以及更远的未来期望可以实用化的高电压镍锰酸锂尖晶石（$LiNi_{0.5}Mn_{1.5}O_4$，简写为 LNMO 材料）及富锂锰基固溶体（Overlithiated Layered Oxide，常简写为 OLO/LMR 材料）等，这些材料的成功应用其实也离不开相应的新型电解液（锂盐 / 添加剂）的配合。所以电解液的开发和优化对于正负极新体系的成功应用及相关的电芯开发工作也是至关重要的。

2.3.7 小结

以上就是一个电芯里典型的主要组成材料，当然电芯里还会有其他的材料 / 结构部件，它们可以提供更多的不同的保护 / 支持功能，比如正极极片上涂布的陶瓷涂层、电芯的壳体，以及集成了安全保护功能的电芯盖板等，在这里因为篇幅就不一一展开了。

需要再强调一点：虽然在此不能对电芯中其他的每一个组成部分 / 材料做一一详细的介绍，但是每一种材料对于电芯的使用都是非常重要的，在电芯中一般来说没有哪个设计 / 结构 / 材料是多余的——如果有早就被优化掉了。所以我们必须深入地思考每一个部分的功能，研究它是如何与电芯中的其他材料、结构互相作用、互相支持的，这样才能做好电芯的设计工作，才能更好地理解电芯的工作机理。

▐‖▌ 2.4 充放电机理：后面所有性能分析的机理基础

介绍完锂离子电池单体电芯里的主要组成材料，下面来进一步介绍其工作原理：电芯是如何进行可逆的充放电反应的？在充电和放电的时候，电芯内部都会发生哪些反应呢？

2.4.1 充电过程

图 2.6 就是电芯在充电时的机理示意图：充电时，正极里边的锂离子会脱出正极材料，进入电解液，然后穿过隔膜的孔隙再抵达负极侧——这个过程就是电芯的内电路的电流传导过程/机理，即锂离子（Li⁺）作为载流子，在电芯的内部

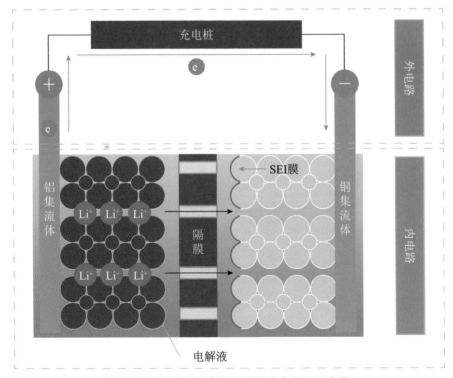

图 2.6 锂离子电池单体电芯的充电机理示意图

（内电路）把正电流从正极输送到负极。在这个反应的同时，正极中的电子（e⁻）会在锂离子脱出时也离开正极材料，但是它们会进入集流体，然后经由外电路（也就是电芯外面连接的电线 / 用电负荷，即大家理解的电池的使用环境）从正极流入负极，在这里与从内电路迁移过来的锂离子汇合，再化合成锂并嵌入石墨负极基体材料之中。

这个过程中，正极发生的反应是：$LiMO_2 \longrightarrow Li_{1-x}MO_2 + xLi^+ + xe^-$。

负极发生的反应是：$xLi^+ + xC_6 + xe^- \longrightarrow xLiC_6$。

2.4.2 放电过程

图 2.7 展示的则是电芯放电时发生的反应，也就是上面充电反应的可逆 / 反方向反应。在放电时，负极中的电子脱出，经集流体从外电路从负极流向正极。与此同时，负极中的锂离子会离开石墨基体，进入电解液，经由隔膜来到正极一侧（这个过程就是内电路的传质 / 电流传导机理）并与从外电路传导过来的电子在此汇合，最终化合成锂并进入正极材料基体之中。

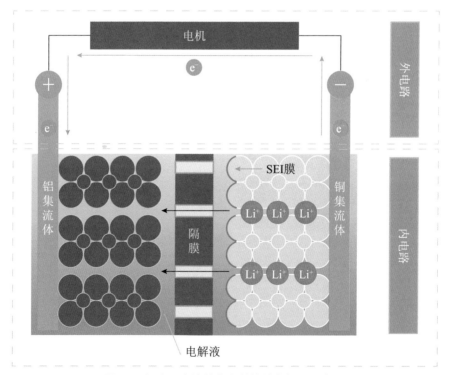

图 2.7　锂离子电池单体电芯的放电机理示意图

在这个过程中，正极发生的反应是：$Li_{1-x}MO_2 + xLi^+ + xe^- \longrightarrow LiMO_2$。

而负极发生的反应是：$xLiC_6 \longrightarrow xLi^+ + xC_6 + xe^-$。

2.4.3 小结

这里要注意，在充电/放电的反应中，正极发生的体积变化总体来说一般不会太大，但是对于负极来说就不一样了：在充电时负极基体材料因为锂的嵌入反应，常常会产生很明显的体积膨胀，而在放电时，负极材料的体积又会明显缩小，因此随着反复地充放电，电芯的体积也会相对应地产生类似于人呼吸时的规律的体积变化效应，常被称为呼吸膨胀（Breathing Swelling），这对于锂离子电池来说是正常的现象。

此外，在充电时如果控制不好条件，因为温度过低、电流过大等原因，锂来到负极后会来不及嵌入石墨基体，这样常常就会以锂金属单质 —— 枝晶（Dendrite）的形式直接析出在负极石墨材料表面，即析锂效应（Lithium Plating）。析锂效应对于锂离子电池非常有害，它会产生锂损失、短路等一系列的后果，轻则导致容量损失、性能缩减、寿命加速衰减等现象，重则导致电芯发生明显的机械膨胀、安全性能急剧恶化的事故，这是需要我们重点注意的极为有害的机理 [3]。

实际上，析锂与快充技术的相关度最高，而关于充电-析锂方面的机理介绍，我们会在后面的 6.1 节中做进一步的详细介绍。

2.5 正极材料：成本与性能占据的大头

如果说到电芯里的两大主要材料，那肯定是正极和负极材料，它们配合在一起为锂离子提供了不同能量等级的"住所"，然后锂离子在电化学反应过程中会在这些"住所"之间迁移，从而按我们的需求去存储和释放电能。这个为锂离子提供高电位住所的材料也就是正极材料（Cathode Material）。

接下来我们介绍一下正极材料的主要大类。如表 2.1 所示，目前行业中常见的正极材料有：磷酸铁锂（Lithium Iron Phosphate, LFP），然后是镍钴锰 NCM 三元材料（Nickel-Cobalt-Manganese），以及镍钴铝 NCA 三元材料（Nickel-Cobalt-Aluminium）。

表 2.1 锂离子电池典型的正极材料种类一览（＊差，＊＊一般，＊＊＊好，＊＊＊＊优）

指标	磷酸铁锂（LFP）	三元（NCM）	NCA 材料
材料比容量 /（mA·h/g）	155 ＊＊	160 → 200 ＊＊＊ → ＊＊＊＊	195 ＊＊＊＊
全电池比能量（基于标准石墨负极）/（W·h/kg）	＜ 180 → 200 ＊＊ → ＊＊＊	200 → 300 ＊＊＊ → ＊＊＊＊	250 ～ 300 ＊＊＊＊
安全	＊＊＊＊	＊＊＊ → ＊＊	＊＊
成本	＊＊＊＊	＊＊＊	＊＊＊
优点	循环性能好，成本低，安全性好	高镍带来更高能量	与 NCM811 近似，主要是日本松下在用
挑战	能量密度低，低温性能差	相应安全性的挑战也会增加	
其他特点 / 评论	之前主要用于商用车，近年来因为单体能量提升＋系统提升集成效率（CTP 等），在乘用车 PV 方面份额不断增加。发展方向：锰取代铁 LMFP（理论上最多有 20% 的能量提升）	之前是 PV（Passenger Vehicle）乘用车主流，近来受磷酸铁锂挑战明显	高比能：与 NCM811 近似，目前国内市场份额较小，国内还是以 NCM811 为主

　　以上材料其实是动力电池中相对比较成熟的体系，有的读者可能也会听说过钴酸锂（LCO，$LiCoO_2$）及锰酸锂（LMO，$LiMn_2O_4$）材料，但是前者目前主要应用于消费电子领域（成本相对不那么敏感，且体积能量密度要求极高），后者则更多用于电动自行车方向（性能一般，循环一般，但是成本比较低），在动力电池领域中基本是不会使用的，目前也没有迹象表明它们很快会取得突破向动力电池领域进军，所以我们在这里不会对这两种材料进行详细的分析介绍。

　　而对于动力电池来说，可能有些读者还听过两种未来应用有一定前景的材料：富锂固溶体材料（Overlithiated Lithium Oxide，OLO，也可以叫 Li-rich Manganese-based Material，LRM），以及新一代的高电压尖晶石材料（$LiNi_{1.5}Mn_{0.5}O_4$，LNMO）。从技术成熟度方面来考虑，这些技术还处于早期（虽然研究的时间也不见得很短了），从材料本身的优化、提高稳定性，再到配合电解液开发等方面其实还有很多工作要做。当然这些材料在能量 / 电压平台 / 成本优势方面固然有着很诱人的前景，但是今后几年内是否能够克服技术上的挑战，顺利投入市场的可能性还有待观察。考虑到本书的介绍侧重于相对更偏成熟的体系，因此也暂时不对它们做更具体的介绍了。而对于磷酸锰铁锂（Lithium Manganese Iron Phosphate, LMFP），考虑到它其实也可以理解为磷酸铁锂的升级产品，所以表 2.1 就没有对该材料做专门描述，但是在后面的具体介绍中会详细地说明该材料相比于磷酸铁锂材料的优劣势。

所以接下来我们就对动力电池领域中使用的几种主要的正极材料进行详细介绍。

2.5.1 磷酸铁锂：便宜量大进步快

在表 2.1 中，我们已经给出了这几种典型材料在材料比容量、全电池（也就是单体电芯）比容量、安全、成本，以及寿命等性能方面的一个对比。在这里强调"全"电池，是因为实验室评估材料常常用扣式电池，也常被称为"半电池"，这对于材料性能评估有重要意义，但是其结果常常不能直接外推到真正的电芯层级上去。在这里，我们首先看一下磷酸铁锂：其化学式为 $LiFePO_4$，具有橄榄石结构（Olivine Structure），材料比容量比较低（理论值为 170mA·h/g，实际可用值一般为 150 ～ 160mA·h/g），材料对锂电位也比较低（3.4V），基于它和典型的石墨负极配合做出来的目前已量产的全电池（单体电芯）的比容量，目前高的大概能到 180W·h/kg。

在这里说句题外话，磷酸铁锂中的铁是二价的，从化学严格意义上来说它应该叫"磷酸亚铁锂"，但是业内大家都叫它磷酸铁锂（估计就是为了顺口），所以它的称呼也就这么约定俗成地定下来了。纯的磷酸铁锂材料本身的电导率不高，因此常常需要进行纳米化处理来降低锂离子扩散需要经历的距离，并进行碳包覆处理从而提供颗粒表面的导电网络并稳定住其中二价的亚铁，所以在材料制备过程的最终煅烧工艺里，还原性气氛总是必需的。但是这样的设计也导致了磷酸铁锂的粉体结构上整体偏"膨松"，所以工程师们在不断努力，以提高该材料的粉体压实密度（Pressed Density，PD），从而让制备出的电芯体积更小更紧凑以具有更高的体积比能量密度，这一点对于磷酸铁锂材料 / 电芯来说是很重要的。此外，磷酸铁锂材料的橄榄石结构导致其锂离子的扩散只能沿其一维的孔隙方向进行（如图 2.8 所示），这也使得该材料的反应动力学受到了限制，纳米化才能使其更好地发挥倍率性能，相比之下，后面介绍的三元层状材料就具有二维的离子导通通路，本征的反应速率方面会更有优势一些。

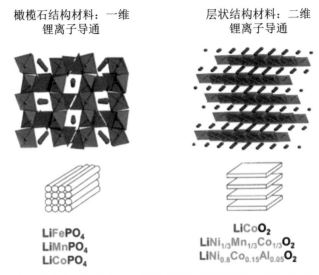

橄榄石结构材料：一维
锂离子导通

层状结构材料：二维
锂离子导通

LiFePO₄
LiMnPO₄
LiCoPO₄

LiCoO₂
LiNi₁/₃Mn₁/₃Co₁/₃O₂
LiNi₀.₈Co₀.₁₅Al₀.₀₅O₂

图 2.8　具有一维离子导通的橄榄石结构的磷酸铁锂材料与具有二维离子导通结构的
三元层状材料的结构示意图

近年来随着技术的发展，在材料本身优化方面磷酸铁锂的压实密度也在不断提高（已经可以达到 2.4 ～ 2.5g/cm³，相比于多年前的 2.1 ～ 2.2g/cm³ 已经有了质的飞跃），在电芯等级又有一些新的技术突破问世，比如比亚迪的刀片电池（结构设计创新），以及补锂技术等的推出，磷酸铁锂电芯目前有的企业也能做到逼近 200W·h/kg 的能量密度了。此外，磷酸铁锂电芯集成电池系统时效率较高（本征安全性更好，集成到系统后的重量 / 体积损失更小），加上磷酸铁锂本身的成本优势（比三元材料少了对于镍、钴这两种相对昂贵金属的使用），这些因素叠加使得磷酸铁锂电池从 2019 年开始，在中国的电动汽车市场的装机量份额不断上升，从以前的只能用于商用车和低端乘用车（A00-A0 级）已经上攻到了乘用车中端市场（B 级车），很多企业都推出了使用磷酸铁锂电池的中端车型（比如蔚来的三元铁锂混装电池车型，比亚迪王朝系列的几乎所有纯电车型）。在可预见的将来，磷酸铁锂（以及其升级版本磷酸锰铁锂）对于三元的"上攻"应该还会继续，但是考虑到其能量密度的瓶颈，以及功率密度、高温、低温下工作性能有限等因素，磷酸铁锂应该不会把三元目前占据最牢固的最高端市场份额给吃掉，但是两者在中端市场的竞争应该还会很激烈并且可能会持续下去（图 2.9）。

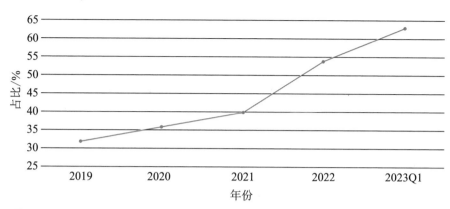

图 2.9　从 2019 年以来，在中国电动汽车市场中磷酸铁锂电池装机量占比不断增长，已在 2022 年市场份额超过 50%，反超了三元电池

2.5.2 磷酸锰铁锂：磷酸铁锂升级版，即将量产但还有挑战

说完磷酸铁锂，我们马上在这里说一下它的升级版本——磷酸锰铁锂（Lithium Manganese Iron Phosphate, LMFP，$LiMn_xFe_{1-x}PO_4$）。在 2022 年初，特斯拉公司的 CEO 埃隆·马斯克（Elon Musk）就正式宣布："我们正在开发锰基电池"，这一条信息受到了大家的广泛关注。而随着后续的讨论不断进行，有一条推断基本已经得到了业内的一致认可——磷酸锰铁锂（LMFP）这一磷酸铁锂（LFP）材料的升级版本应该就是马斯克目前所说的锰基电池技术（图 2.10）。

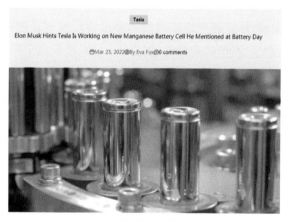

图 2.10　Elon Musk 在 2022 年初宣称要推出锰基电池技术的新闻报道

那么这个磷酸锰铁锂材料有什么特点呢？要说明白它，得先从磷酸锰锂（Lithium Manganese Phosphate, LMP，$LiMnPO_4$）说起。图 2.11（a）、图 2.11（b）、

图 2.11（c）分别给出了磷酸铁锂（LFP）、磷酸锰铁锂（LMFP）与磷酸锰锂（LMP）材料的放电曲线对比。图 2.11（a）给出的是 LFP 材料，其理论比容量是 170mA·h/g，实际可用值一般在 150～160mA·h/g，它的（充）放电曲线的对锂电位是 3.4V，容量区间的大多数范围对应的是一个基本平坦的直线平台（曲线不呈现坡度的原因是反应时会发生 $LiFePO_4$ 到 $FePO_4$ 的相变），只有在平台的两端才会发生电压的明显变化。

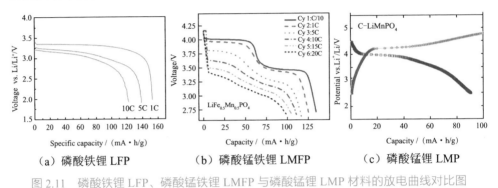

（a）磷酸铁锂 LFP　　（b）磷酸锰铁锂 LMFP　　（c）磷酸锰锂 LMP

图 2.11　磷酸铁锂 LFP、磷酸锰铁锂 LMFP 与磷酸锰锂 LMP 材料的放电曲线对比图

图片来自：Structural and electrochemical properties of doped $LiFe_{0.48}Mn_{0.48}Mg_{0.04}PO_4$ as cathode material for lithium ion batteries, Journal of Electrochemical Science and Technology, 2013

图 2.11（c）给出的则是磷酸锰锂（LMP）的放电曲线。该材料的结构与磷酸铁锂（LFP）是一样的，都是橄榄石结构。不仅如此，纯的磷酸锰锂（LMP）其理论比容量与 LFP 也基本一致（大概是 171mA·h/g），同样在充放电反应时存在 $LiMnPO_4$ 到 $MnPO_4$ 的可逆相变反应。不过该反应对应的电压平台是 4.1V，高于磷酸铁锂的 3.4V，这也就是磷酸锰锂能量可以最多高于磷酸铁锂 20% 这一数字的由来：如果其他参数（主要是容量）都不变，那锰替换掉铁带来的电压 4.1V 比 3.4V 高了 20%，最终能量也就相应地高了 20%。这个估算从基础科学角度来看是没问题的，但从实际角度并不容易达成。磷酸锰锂这个材料其本征电导率比磷酸铁锂还要差（功率和低温方面的挑战只会更大），使用中的老化衰减现象比磷酸铁锂要为明显，而且该材料更为膨松，制备电芯的体积比能量还要打一些折扣，所以要发挥出这 20% 的优势是非常难的，在材料的制造、使用、电芯的设计等方面要更麻烦一些，当然也就有相应的挑战需要克服。

说完了磷酸铁锂（LFP）和磷酸锰锂（LMP），那我们就可以正式地说磷酸锰铁锂（LMFP）材料了。它实际上就是 LMP 与 LFP 的固溶体（都是橄榄石相的材料），在磷酸锰铁锂材料中，Mn 是可以与 Fe 以任意比例互溶的，所以其化学式常

被写成 $LiMn_xFe_{1-x}PO_4$（$x = 0 \sim 1$）。该材料在使用中，放电时先发生 Mn 对应的反应（更高电压平台 4.1V），反应完全后电压降到 3.4V 再发生 Fe 的反应。Mn 与 Fe 的摩尔比（$x : 1-x$）是该材料一个核心的参数（常见的比例有 7∶3、5∶5、6∶4、3∶7 等），而不同成分的磷酸锰铁锂材料也会体现出 LMP 的 4.1V 与 LFP 的 3.4V 两个平台以相对应的 Mn∶Fe 比例共存的状态，比如，5∶5 材料的 Mn 平台与 Fe 平台的长度比大概是 5∶5，6∶4 材料的两个平台的长度比大概是 6∶4，3∶7 材料的两个平台的长度比大约是 3∶7。还要再强调一下，以上所述的电压平台的呈现比例是基于理想情况来说的，考虑到极化效应，实际上的锰平台的发挥要更困难一些。

可能有的朋友会问，既然磷酸锰锂 LMP 可以最高达到磷酸铁锂 LFP 能量的 120%，那为什么不直接做这个能量最高的材料，而还要退一步做一个中间方案：先做有一定锰铁配比的一个中间态"混合物"呢？这主要还是因为磷酸锰锂非常难做和难用，相比于磷酸铁锂主要体现在：

本征电导率更差，功率和低温方面的挑战只会更大，要知道磷酸铁锂本身在这方面性能就已经不太理想了。

磷酸锰锂在充放电过程中会产生三价锰，它还有一个比较讨厌的锰畸变——溶出的扬（姜）- 泰勒（Jahn-Teller）效应（锰酸锂材料中也有），会导致使用中老化衰减现象比磷酸铁锂要更为明显，在循环和日历寿命上也有大问题。

在表面包碳等工艺上也更有挑战，进一步带来了导电性能优化和颗粒形貌控制方面的难度。

以上因素综合就导致了纯的磷酸锰锂材料理论上的高电位容量看起来特别好，但是实际上并不容易发挥出来，而这些问题对于磷酸锰铁锂（LMFP）材料中的锰段的容量发挥在一定程度上还是同样存在的（程度会低一些）：可以把 Mn∶Fe 做到高如 8∶2 和 9∶1，但是因为此时该材料中的 Fe 很少，最终材料整体性质会特别像纯的磷酸锰锂，而以上所述的（从磷酸锰锂得来的）性能上的问题也都会比较明显，所以期望的理论上最大 20% 的能量提升在实际中很难发挥出来。如果做的 Mn∶Fe 很低，比如 2∶8，此时材料倒是很好做了（性质会比较接近于磷酸铁锂），但是做出来的材料的性能其实和普通磷酸铁锂差异不大，这就又失去了我们做这个材料的初衷：我们希望提高能量啊。

因此，目前考虑到多个因素的妥协，而根本上我们又要在能量密度上相比于磷酸铁锂有明显的提升，锰含量中高又不是很高的 Mn∶Fe（比如 5∶5、6∶4、7∶3）就成为各家企业目前主要聚焦的方向，在这个成分范围内磷酸锰铁锂材料的性能相对比较好优化，通过各种改性措施可以让锰段的高电压平台得到尽量稳定、持续的发挥，有的企业已经推出了一些性能有竞争力的早期电芯样品。

另外很多企业也在考虑三元材料与磷酸锰铁锂材料混掺路线，但做这个化学体系的出发点则是各家不尽相同：有的企业是为了给三元电池降低成本，有的是为了提高三元电池的安全性，还有的就把它定位为磷酸铁锂的升级替代品，另外也有企业直接认为这个体系比磷酸铁锂高一些比高镍三元低一点，就是为了用来替代中镍高电压电池技术的。混掺路线到底好不好，市场定位什么样，使用机理和回收处理等都是比较有意思的话题，目前业界对这些问题还都在积极探索中，期待能够早日取得技术突破与应用共识。

总体来说，在诸多的新的化学体系中，磷酸锰铁锂（LMFP）及其与三元材料的混掺这个方向应该是下一步很快就要成熟并将在市场上推出的技术，目前热度很高，值得重点跟踪（图2.12）。

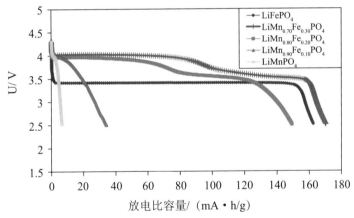

图2.12　不同锰铁配比的磷酸锰铁锂（LMFP）材料与磷酸铁锂材料的实际放电曲线对比

图片来自：Opportunities and challenges of lithium manganese iron phosphates as positive electrode materials for lithium ion batteries, ECS Meeting.

另外在这里说一个题外话，有时读者会看到一些报道，比如磷酸铁锂材料的能量密度为550W·h/kg左右——这种说法还算没有错误，但是在表达方面是具有一定误导性的，因为它说的是"材料"的能量密度，不是电芯/全电池的。那这个550W·h/kg大概是怎么得来的呢？它是使用材料比容量×电压，即160mA·h/g × 3.4V = 544mW·h/g = 544W·h/kg计算出来的，因此，这里指的是只针对纯正极材料的能量密度。可以想象，如果我们使用容量/电压更高的三元材料，这个数可以轻轻松松达到800甚至更高，而容量更高的富锂锰基固溶体材料的这个数值达到近 1000 也不足为奇。不过总体来说，工业界一般不太会把这个值作为重点参考对象（太理想化了），在这里就给读者一个提醒，千万不要把电芯能量密度（常见数值为 150 ～ 300W·h/kg）与之混淆（图 2.13）。

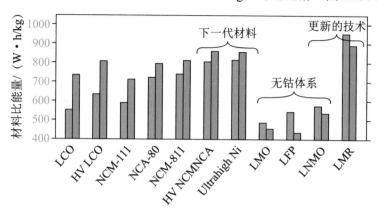

图 2.13　很多正极材料只计算材料的质量能量密度数据，注意这并不是我们常见的用这些材料做出的全电池 / 电芯单体的能量密度

图片来自：High nickel layered oxide cathodes for lithium based automotive batteries, Nature Energy, 2020

2.5.3　镍钴锰三元（NCM）材料：高端应用代表

说完磷酸铁锂（LFP）材料和它的升级体系磷酸锰铁锂（LMFP）材料，接下来就要说一下行业中的另外一大主流正极技术——镍钴锰三元材料（NCM）了。该系列材料的化学式为 $LiNi_xCo_yMn_{1-x-y}O_2$（$LiMO_2$），具有层状结构。典型的三元材料的充放电曲线如图 2.14 所示，与磷酸铁锂不同，三元材料充放电反应区间一般没有明显的相变 / 两相共存现象，其电压随着放电的进行会不断地下降，典型的电压范围是 3.0 ～ 4.2V，这与磷酸铁锂有一个比较平坦的放电平台的特征是很不一样的。三元材料这样的特性其实非常便于我们对其电量状态进行管理监测——只要量测其静态的电压值，基本就可以很轻松地知道该材料 / 电芯对应的荷电状态（State of Charge，SOC）了；相比之下，磷酸铁锂电池因为其充放电平台太平（3.4V），通过测量电压来精确获取其荷电状态就要困难很多，这一点也是三元相比于磷酸铁锂电池体系的一大优势。

说句题外话，蔚来的磷酸铁锂——三元混装电池包技术（如图 2.15 所示）就是把少量的三元电芯与磷酸铁锂电芯串联组合到电池系统中去，把容量更容易测量的三元电芯当"测量尺 / 标准"来使用，这样用于支持测量磷酸铁锂电芯的电量。

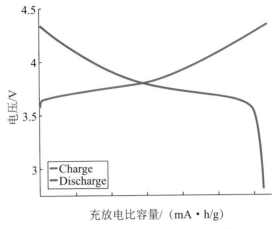

图 2.14 三元材料的典型充放电曲线

图 2.15 蔚来推出的磷酸铁锂——三元混装电池包（图片摘自 EV 视界）

三元材料常常会以一些 3 位数字代号来代表，那这一小串数字代表什么呢？就是这个材料中的镍（Ni）：钴（Co）：锰（Mn）元素的摩尔比。举例：我们常见的 111（也可以叫 333）三元材料，其中镍：钴：锰的比例为 3：3：3（就是各 1/3），然后还有 5：2：3 就是镍 50%、钴 20%、锰 30%（典型的传统中镍材料），而在 8：1：1（典型的高镍材料等）中镍的含量则占到了 80%。在实际使用中，这三种元素的比例就会被我们简化成为数字使用，常常也就用来直接指代各种 NCM 材料，比如 523、811 材料等。

当然随着技术的发展，NCM 三元材料的配方也在不断演化，但是总体来说高镍（提容）、低钴（降本）就是趋势，然后最新的一些材料体系包括 613（中镍低钴，常在高电压下使用）及 955 材料等（是一种更高镍的材料，其对应的成分是 90% 的镍、5% 的钴和 5% 的锰，但是如果严格按照上面所说的数字规则四舍五入会写成 900，这样比较难看而且会丢失关键的材料信息，所以一般大家还是喜欢称其为 955）。当然还有的材料体系干脆就以镍含量来直接命名了，比如镍 92、94 等。

图 2.16 就是三元材料的相图，实际上三元材料也可以理解为 $LiNiO_2$/$LiCO_2$/$LiMnO_2$ 三种基础层状材料组成的连续固溶体，而这三种基础材料的性能也是不太相同的，提高相应材料的比例会使最终三元材料的整体性能（一般来说）也要向那个方向靠拢。比如钴含量提高之后功率性能、制备方面都有一定的优势，但是和钴相对应的成本问题是永远避不开的话题。如果让三元材料向图 2.16 中的 $LiNiO_2$ 一端靠近（即镍含量越高），一般也就意味着该材料的比容量越高，但是也会带来生产制备上的挑战（比如环境控制要求苛刻，要求氧化环境制备，且对水汽十分敏感），以及本征安全方面的一些问题（热稳定性降低），在内阻、老化等方面也有相应问题需要解决（如图 2.17 所示）。虽然有以上一些需要互相妥协取舍的因素，总体来说三元材料目前还是有着非常确定的发展方向，即：（1）提高镍含量——提高能量；（2）降低钴含量，与此同时通过各种其他优化手段仍然尽量保持优良的综合性能，以期达到在成本和社会责任方面不断优化（钴主要产自非洲的刚果共和国）。

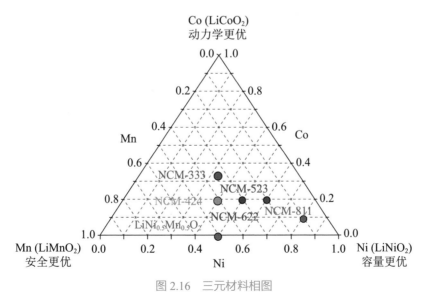

图 2.16　三元材料相图

图片来自：Layered Cathode Materials for Lithium-Ion Batteries: Review of Computational Studies on $LiNi_{1-x-y}Co_xMn_yO_2$ and $LiNi_{1-x-y}Co_xAl_yO_2$, Chemistry of Materials, 2020

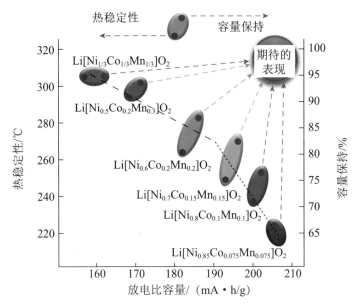

图 2.17　三元材料随着镍含量的上升，放电容量和本征热稳定性的变化

图片来自：Comparison of the structural and electrochemical properties of layered Li[Ni$_x$Co$_y$Mn$_z$]O$_2$ (x = 1/3, 0.5, 0.6, 0.7, 0.8 and 0.85) cathode material for lithium-ion batteries, Journal of Power Sources, 2013

　　目前三元材料的发展实际上已经形成了两条技术路线：偏向高端、高容量的高镍路线，以及偏向于中高端、中高容量的高电压中镍低钴路线，这两条技术路线在过去几年中的进步都很快，目前在三元市场份额方面基本是平分秋色。

　　在高镍材料方向，目前其已经达成了良好的综合性能——能量密度、功率、低温、高温循环等方面优于磷酸铁锂。研究人员也做了很多工作来不断改善高镍三元材料本征安全性能（比如颗粒表面包覆/颗粒体相掺杂），并取得了很多成果，此外在电池系统设计层面也做了很多工作。以上的努力都使高镍三元电池技术的安全得到了明显的改善，所以高镍三元材料在过去几年中的市占率明显上升（图 2.18），尤其是在外资/长里程高端车型方面使用量非常大。高镍三元技术总体来说占据了动力电池行业的顶端需求，在中镍高电压材料、再低一个档次的磷酸铁锂及其他潜在新技术不产生颠覆性突破的前提下，其位置应该比较牢固。

　　从图 2.19 可见，在电动汽车的高端需求（一般可以对应长续航里程）方面，高镍三元是当仁不让的主流技术，但是在中高端这个领域，三元材料体系中近几年来也崛起了一大技术路线，即中镍低钴高电压方向。这类材料的三种元素配比一般是 5：1：3/6：1：3/7：1：2，即镍不会高到 8（> 80%），但也是中等含量

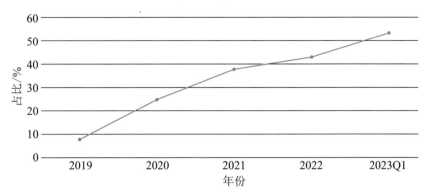

图 2.18　过去几年中，三元材料中高镍材料出货量占比不断上升

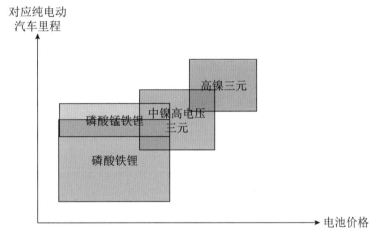

图 2.19　磷酸铁锂、磷酸锰铁锂、高镍三元材料与中镍高电压材料主要适用的汽车市场

（50% ～ 75%），然后钴的含量要适当降低（毕竟钴比较贵，能减少用量最好，但是完全不用的话，对于功率、循环稳定性等还是挑战太大）到 10% 左右甚至更低，但是该材料的工作电压可以高到 4.30 ～ 4.35V，甚至更高到 4.4V 的材料也已经做好了量产的准备（传统的三元材料的工作电压上限只有 4.25V 左右）。

　　相比于刚刚介绍的高镍方向，中镍高电压材料的容量会差一点，另外对于电解液要求更高，但是该技术体系在成本上比高镍更低，因此在比高端低半档的中高端市场定位中目前应用很多，而且目前就是它和高镍材料的联手，基本垄断了三元材料的主要使用量，几乎已经淘汰了最传统的 111/523 材料。总体来说，中镍高电压材料是多维度性能需求妥协平衡后设计出的一款优秀产品，定位为中—高端，该材料近几年来在市场中不断放量，技术前进方向明确（低钴化，高电压），市场前景也是比较好的。

不过该材料也面临着一些挑战：其向上发展需要进攻高镍三元（性能要赶上总有些距离），身后还有磷酸铁锂（及磷酸锰铁锂）的上攻，然后目前做到 4.4V 甚至更高的电压，开发相匹配的电解液体系也是重中之重，而且挑战会越来越大，另外新技术的潜在颠覆可能性将带来的影响也需要注意。

2.5.4 镍钴铝（NCA）材料：镍钴锰三元的"近亲"

说完三元（NCM）材料，这里再介绍一下它的一位"近亲"：镍钴铝（NCA）材料。其实从表 2.1 不难看出，镍钴铝材料与镍钴锰三元长得很"像"——不只是名字看起来比较像，它们的性能也比较近似，尤其是 811 体系的镍钴锰三元材料，从某种意义上可以理解为镍钴铝材料（NCA）的平替——两者性能比较接近，当然具体性能优劣方面业内还有些讨论，比如有不少人认为 NCA 体系的安全性会略优。

NCA 材料尤其是在早些年时在制备上有一些独特的门槛，当时日韩企业（住友、松下、三星等）取得进展很早，那时中国企业甚至只能做低镍三元 333 体系的三元材料，自然差距巨大。而在过去几年中，随着国内高镍和中镍高电压技术路线的发展成熟，NCM 技术路线已经完全可以与 NCA 路线竞争，尤其是目前国内的动力电池行业基本上已经锁定了以 NCM 为主的发展路线，对 NCA 的讨论早已没有很大的热度了。不过其实随着国内材料企业技术的赶上，也有一些企业在开发 NCA 技术并推出了一些产品，有意思的是，其中相当多的企业对 NCA 这一技术定位主要放在了用于替代钴酸锂（LCO）正极材料，用于消费电子的中低端细分市场方面，也已经取得了一定的进展成果。

既然说到了 NCA，就可以再引申说一下 NCMA 正材料（有的地方也叫四元材料，从字面意义看就是镍－钴－锰－铝）。就这个问题笔者与业内很多朋友交流过，他们中的很多人都表示，其实不管是 4 元还是 5 ~ 6 元，再这么起名字意义已经不大了——标准的三元材料做出来后常常还会再做表面改性、包覆、热处理等工作，然后掺杂的元素可以有很多种（各家企业的配方都不一样）。在这样的情况下，如果严格论下去，每一家的材料几乎都是 5 ~ 8 元了，只是大家并不想过度营销和造概念而已。当然笔者不是在这里说 NCMA 方向不好（很多企业着手布局这个方向，在追求高镍、高性能的时候几元共掺常常是必需的），而只是想告诉读者，对于三元正极技术来说掺杂是常态，有些读者听到比较多的技术可能只是宣传上的色彩多一些，其实这些技术的核心还是脱离不了 NCM/NCA 两大技术方向的基础，所以还是聚焦于最为基础的体系更有意义一些。

2.5.5 无钴材料：是去了钴的三元材料，还是炒作色彩更多一些呢

无钴材料在 2020 年马斯克一条 "Cobalt-Free"（即 "没有钴"）的推特之后一度成为行业焦点（图 2.20），国内外很多企业其实在这之前就已经开始了对该技术方向的研究，而在此后也都开始跟进加码对该方向的开发。但是到了 2023 年，笔者感觉——虽然经过了行业上游供应链疯狂的 2021—2022 年（几乎所有金属都涨价），按理说这应该会刺激大家加大力度推出无钴这样对于上游矿物供应依赖程度更低的新型材料技术的，但过去这两年中好像所有做无钴的企业都把给这个材料定的调门给逐渐降低了，声势似乎完全比不上这两年中钠离子电池（毕竟可以不用锂）带来的热度。这大概是一个什么情况呢？

图 2.20　Elon Musk 在 2020 年的一条 "无钴" 电池的推特发表后，引起了各界的广泛讨论

其实 "无钴材料" 这个概念是一个很有意思的定义，天生就有一些定义模糊的空间且适合炒作。首先，如果我们真的完全抠字面意义，只要这个材料中没有钴元素那就是 "无钴" ——那就真的没啥意思了，很多体系就都可以说自己 "无钴" 了。比如我可以说：磷酸铁锂（LFP）及磷酸锰铁锂（LMFP）是无钴的——可是这些体系本来就不含钴，你在这里再说它是无钴的就感觉非常奇怪，有些为了宣传而宣传的炒作味道。

所以在这里说到无钴技术，笔者还是一直坚持自己的观点：一个材料以前有钴，现在（经过优化升级）没钴了，这才符合 "无钴" 概念给大家的一般期待（技术进步了，把钴降到没有了）。因此严格意义上我们讨论 "无钴" 材料还是更应该聚焦于三元材料（NCM）体系：通过努力把该材料里面的第二位数（钴含量）降成 0，这才更符合我们对于无钴技术的期望。在过去的几年中，事实证明，特斯拉的 "无钴" 跳了票（到了 2023 年了，三元无钴还是没有影），倒是他们推出了磷酸铁锂电池的车型，最后卖得当然也是真不错，毕竟价格便宜量又足。

当然从 2020 年之后，很多家电池和材料企业都陆续推出了一些基于中镍

（Ni6-7）的无钴电池／正极材料体系。只是笔者发现，他们大多一开始调门起得很高，后来逐渐就低调了，而业内公认的工作做得比较多及成熟度更高的方向，目前看来还是在三元低钴化而不是无钴。就这一点笔者也与很多工程师们做了交流，大家就表示：无钴概念当然好，但是钴这个东西为什么稀缺又重要呢？因为它目前在稳定材料结构、保证低内阻、提高倍率性能方面仍然不可或缺，只要你对电池性能还有些要求（都先不说有多高的要求），无钴的性能可能还需要再进一步提高才能满足车企的标准。相比之下，做低钴就是一个比较好的妥协状态了，做出的材料综合性能比较好，而且在降本和减少对钴的依赖方面也有不错的进展。

但是不管如何，无钴的这个技术方向还是很重要的，我们也期待着这个技术产生进一步的突破，为行业带来革命性的影响。

2.5.6 矿产资源、供应链稳定：正极材料发展绕不开的因素

刚才介绍了典型的两个主要的方向，就是磷酸铁锂（LFP）材料和三元（NCM）材料，它们在过去几年中携手发展，共同推动了这一轮动力电池——电动汽车产业的大发展、大繁荣。但是在这个过程中，它们也受到了很多因素波动的影响，其中上游矿产资源供应链稳定就是决定相应材料技术和市场发展的重要因素。

锂离子电池生产使用的正极材料非常依赖于上游矿产资源的供应。磷酸铁锂（LFP）要略好，因为其中的磷和铁是地壳中储量极为丰富的材料，分布较为广泛，对特定矿产的依赖没有那么大，主要还是关注锂矿资源即可（只要是锂离子电池就要用锂元素，不管以后技术路线如何变，对于锂矿资源的需求永远不会改变）。而对于三元材料（NCM）来说，其首先像磷酸铁锂（LFP）一样需要用锂元素，然后 Ni、Co、Mn 三种元素里，钴（Co）是属于储量很少、具有战略意义的元素，加之其主产地刚果又有政治动荡、采矿－人权方面的问题，因此广受关注，这也是无钴技术受到极大重视的其中一个原因。镍（Ni）虽然储量比钴要丰富一些，总体来说它的供应也不是特别充足，而且工业中的很多领域都有需求（比如钢铁冶炼），而且高镍技术方向对于镍的需求量又大，所以锁定镍资源也是目前锂电池行业的重要工作方向（比如青山集团进军印尼等）。相比来说，锰（Mn）供给就比较丰富了，并没有太严重的供应资源问题，在此不做更多的介绍。

综上所述，锂（Li）、钴（Co）、镍（Ni）是锂电池的核心元素，在上游资源做布局，保证供应是非常重要的。更具体的我们可以看一下过去两年中正极材料——上游供应链方面发生的变化（尤其是在 2021—2022 年），可以发现：因为

整个动力电池行业发展过快，上游矿物开采又需要时间比较长，这两年中供应常常赶不上需求增长，这就导致了原材料价格的猛增，进一步导致了正极材料价格的暴涨，而相应的那些有望降低对于锂、钴、镍原材料依赖的方向，比如电池回收、无钴、钠电池等技术的发展也得到了极大的支持和推动。这些因素不断传导，使得动力电池的价格及电动汽车的价格都受到了反复的冲击，给市场带来了很多动荡。

进入 2023 年后，因为之前两年对市场需求的透支＋经济形势宏观环境影响了行业景气度，导致整个行业的需求骤降，再叠加 2022 年和 2021 年加速进入的上游矿物、材料产能的逐渐释放，以及市场部分的投机性囤货行为需要出清，这些因素共同作用，导致了正极、锂盐等材料价格的戏剧性大跌：电池级碳酸锂最高时在 2022 年曾达到近 60 万元 /t，而笔者写作时的 2023 年 4 月最低已经不足 20 万元 /t，一度跌去了近 70%！之前大家曾经普遍认为锂资源供应应该会等到 2025 年才会达到新平衡，但是几乎所有人都没有预见到 2023 年开局 3 个月整个产业寒冬戏剧性地迅速到来，只用了几个月就完成了一波惨烈的价格下杀（图 2.21）。

其实这样的疯狂行情在很多行业中都能找到相似的案例，动力电池并非唯一。如果放宽视角到整个人类社会的诸多行业，其实不难发现，一个领域中"非理性"因素其实总会以各种各样的方式产生，很难期望其发展可以遵循一条完美曲线理性平缓上扬，其间的波动总是不可避免的，任何一个行业的发展似乎都很难逃脱这个规律。但也正是这样的发展才能起到"大浪淘沙、去粗存精"的效果，让优秀的企业不断调整进步，最终脱颖而出，这样才能筛选出更有实力、韧性的企业。

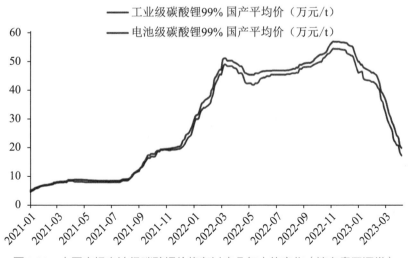

图 2.21　中国市场电池级碳酸锂价格在过去几年中的变化（摘自粤开证券）

2.5.7 从成本角度拆解一节单体电芯，看看谁最贵

通过对单体电芯成本的拆解，可以更加定量地理解上游矿物材料价格对于电芯成本的影响。图 2.22 给出的是一般三元电芯的成本拆解分析，可见正极材料常常可以占到一节电芯总成本的 30% 左右（如果是磷酸铁锂电池的话，正极占比要小一些），当遇到 2021—2022 年上游矿产价格猛涨的情形，实际的正极成本占比会更高。这也解释了为什么我们在说电芯成本时要重点说正极，而说正极时我们又在前面先重点介绍 Li、Co、Ni 这三种元素，因为它们用量大、成本占比高、本身供应又相对有一定的紧张性。磷酸铁锂技术就只对锂（Li）资源相对比较依赖，因此成本上一直比三元要低一些（大概每瓦时低 0.2 元），这也解释了磷酸铁锂路线在成本上一直具有的优势，因此很多车企在 2020 年之后开始加大投放磷酸铁锂版本车型。

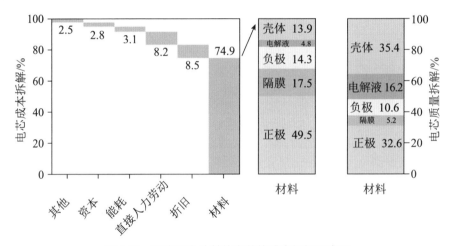

图 2.22　锂离子电池单体电芯的成本拆解示意图

图片来自：High nickel layered oxide cathodes for lithium based automotive batteries, Nature Energy, 2020

因此，保证上游矿产资源的稳定供应，对于动力电池-电动汽车行业的发展是非常重要的。而围绕着钴资源的负责任的供应（Environmental, Social and Governance，即 ESG 话题）可以说是很多车企在企业社会责任上的核心关切，这也倒逼了很多矿业/原材料企业对于供应链绿色/人权方面给予了更多的重视，而在核心矿产资源越来越重要的大背景下，保证锂、镍、钴等资源的安全开发和供应也已经被很多国家列入了国策，给予了战略级的核心关注。比如拉美国家（锂资源主要来源地）近年来对于锂盐资源的立法规定就越来越多，美国的通胀

削减法案（Inflation Reduction Act, IRA）也对锂电原料方面的布局有了很多规定。在这里囿于篇幅，就不对这些与矿产、资源相关的法案——展开介绍了。

实际上，即使我们只聚焦于动力电池行业，这种戏剧性的变动也已经不是第一次了。之前在 2018 年左右，行业曾经给予了很强的发展预期，但是连续在 2018 年、2019 年动力电池装机量都不及预期，尤其是上游原材料价格暴跌也抑制了上游的矿产、材料资源的布局扩张，这直接导致了从 2020 年开始行业需求井喷后的上游产能失配，然后又有了这三年原材料如过山车一样的价格发展走势。

综上所述，似乎上下游的供需波动是一个行业在早期阶段避免不了的一个槛。其实任何行业都需要稳定的发展预期，否则频繁的大幅扰动总会造成发展方面的困扰。如果希望能更好地稳定供应链，就需要政策制定者能够提前调控，也需要行业产业链中的同仁们同心一致，高瞻远瞩地理性发展，景气时头脑不过热不过度激进，寒冬时不气馁积极布局长远，这样才能让行业发展更平稳、更长远（图 2.23）。

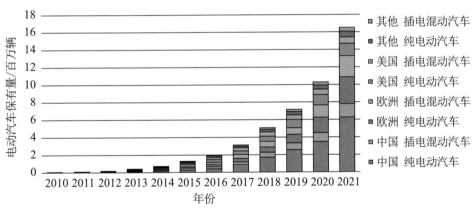

图 2.23　全球电动汽车保有量（摘自 Global EV Outlook 2022）

2.5.8　材料成本与性能的互相影响决定了技术路线的发展方向

分析了上游原料价格对电池成本的影响，再说一下其与电池性能、技术路线选择之间相互影响的关系。其实任何一个技术的选择都是成本、技术等多方面互相妥协、综合考虑的结果：要知道磷酸铁锂在 5 年前给大家留下的印象还是能量密度太低，虽然便宜但是难堪大用（中高端不行）。但是从 2020 年比亚迪刀片技术问世以来，磷酸铁锂电芯的能量密度就有了明显的提升（150W·h/kg →180W·h/kg），再加上其系统集成效率高及成本上有优势，在过去几年中磷酸铁锂技术的定位不断上攻，已经达到了乘用车的中端领域，并已经开始对于中高端的中镍高电压技术的"势力范围"发动进攻。当然磷酸铁锂本身也是有缺点的：低温性能（冬天表现格外不好）和倍率性能要差一些，但是综合成本等多方面因素，各车企就纷纷表示"真香"，然后投奔了这个方向（电池/整车成本可以更低，能多挣钱）。由此可以看出，成本上的优势和技术上的进步是磷酸铁锂这几年"翻盘"的两大因素。

反观三元材料，最传统的111/523的低镍高钴方向早已经没有了声音，目前主要就是高镍（主打高端）和中镍高电压（主打中高端）两大方向。从高镍来看其性能毕竟很有优势，所以即使价格高一些，被磷酸铁锂等技术颠覆的可能性也不是太大。相比之下，中镍高电压三元在未来与磷酸铁锂（包括升级版的磷酸锰铁锂）进行"交火"的可能性就更大，得看两边综合性能和成本谁能更快进步。中镍可以不断提电压、降低老化，适配更新的电解液；磷酸锰铁锂方向则需要解决前面提到的锰溶出、低温性能、加工性能等一系列问题。总体来说，笔者倾向于认为中镍高电压还是会继续占有这个中高端的定位（毕竟性能有优势，且技术发展方向潜力也比较清晰），不过磷酸锰铁锂方向潜力的释放还是值得持续关注的。

2.5.9 小结

本节中对于各种正极材料方向做了基本的分析，主流的两大方向自然是磷酸铁锂和三元，但是也对它们的新发展方向，比如磷酸锰铁锂、高镍/高电压中镍三元材料都做了介绍，并从成本和供应链角度分析了过去几年动力电池市场中发生波动的背后原因，最后对这些材料未来的发展前景做了展望。

2.6 负极材料：未来提高电芯能量密度的关键方向

锂离子电池的活性材料包括正极、负极两大类，相比于正极材料，负极材料对资源/贵重金属的依赖并没有那么大，石墨矿（原料）相比于锂、镍、钴矿要更普遍一些，因此目前市场上最为主流的负极材料就是经济实惠的石墨基材料。

在负极材料方面，新型材料体系的使用有希望带来相当大的比容量提升，比如目前已经基本商用的硅负极材料，其比容量可以达到1000mA·h/g，而石墨材料只有360mA·h/g，这比起正极体系中常常只能带来每克几毫安时的提升幅度无疑要诱人得多。使用新型负极材料可以明显提高电芯/全电池的比能量，因此，负极材料可以说是动力电池领域未来提高能量密度的关键技术（表2.2）。

表 2.2　锂离子电池典型的负极材料种类一览（* 差，** 一般，*** 好，**** 优）

指　　标	石　　墨	硅 / 碳（石墨）复合	钛　酸　锂
材料比容量 /（mA·h/g）	372 ***	400～600 ****	170 *
全电池比能量（基于 622-811 正极）/（W·h/kg）	240～280 ***	280～350 ****	140～200 *
安全	***	***	**
成本	****	***	*
寿命	***	**	****
优点	目前的主流技术，综合性能平衡	下一代技术发力方向，提高能量密度；高硅含量带来高比容量和比能量	功率 / 倍率性能很好
挑战		高硅含量也会相应导致安全、寿命等性能的下降（硅的膨胀粉化效应）→需要克服	成本太高，大量使用钛、锂；能量密度过低；快充和寿命之前优势明显，现在已经被性能不断改进的石墨赶上

2.6.1　石墨材料：价格便宜量又足，全能材料主流技术

石墨材料是目前锂离子电池行业中最为常见的负极材料，市占率 90% 左右，可以说是当之无愧的主流，为什么这个材料会如此广泛地应用呢？

首先该材料综合性能好。石墨材料的比容量为 360mA·h/g（中规中矩，比像钛酸锂、硬碳材料等非主流材料要高），然后稳定性也不错，生产工艺不复杂。在使用石墨材料制备电芯的后段工艺中，配合好优化成分的电解液及严格控制的化成过程，石墨负极表面最后会生成质量优良的固态电解质膜（Solid Electrolyte Interface，SEI，是石墨负极表面与电解液反应生成的保护层），可以帮助稳定材料表面延长使用寿命。近年来，针对传统石墨材料的快充性能方面的相对短板，各企业在改性处理工艺方面也做了大量的工作，取得了很好的进展，典型的改性处理方法如：小颗粒化（降低传质距离）、表面快离子导体包覆、提高层间距便于锂离子脱嵌等，这些优化方法都已经趋近成熟，因此石墨负极快充性能也不断提高。考虑到锂离子电池的单体电芯要提高快充性能，实际上负极才是最大的短板（因为会析锂，后面章节中会有详述），在这一方面石墨负极的电

池已经基本可以支持 4C——即 15min 左右充满的快充能力（关于几 C 的定义也会在后文给出介绍），而且还可以保持好能量密度端的优秀表现，可以说几乎已经蚕食掉了以前大家所期望的给予钛酸锂材料（成本昂贵，能量密度低，意义不大）在快充领域中的位置。

石墨材料不仅综合性能好，在制备难度和成本方面也有优势，也不像锂、钴、镍金属一样对矿物原料的需求较为苛刻。不管是天然石墨使用的石墨矿（在山东、东北等地有很多的储量），还是人造石墨需要针状焦等低杂质碳原料（我国有非常完备的石油－煤化工的材料体系），在我国资源都比较丰富，再加上我国工业用电的成本优势，使得石墨负极可以非常便捷地大规模生产，这也是石墨材料能取得市场霸主地位的重要原因。

反观钛酸锂材料（化学式为 $Li_4Ti_5O_{12}$，LTO），制备该材料需要大量的锂和钛，在成本上就已经面对很大挑战了，再加上其作为负极的高电位（1.55V）导致制备出的全电池的低电压和低能量，虽然有功率性能上的优势，但其他方面劣势太大，目前已经很难再与石墨负极竞争，在市场上早已被边缘化。所以，一种材料要想在市场中最后胜出，不能只靠一两方面的优势，还要做一个性能全面的"六边形"战士，并且还要在工业大规模制备和成本控制上取得突破，这样才能成为广泛实际应用的材料。

2.6.2 硅负极材料：提高能量密度，下一代电池技术首选

如果说石墨负极是现在动力电池最为主流的负极材料，那硅负极就是大家现在公认的未来负极材料。它的主要的竞争力来自哪里呢？

主要还是硅负极材料的高容量潜力：其比容量理论上限是 $3600mA\cdot h/g$，相当于石墨负极的近 10 倍。可以想象，现在我们使用的电池中以石墨负极为主，之后如果使用硅负极完全取代石墨，负极材料的用量可以比石墨少很多，这样电池的能量密度就有希望得到非常明显的提高。另外，硅的原料在地壳里储量很丰富（在所有元素中储量仅次于氧），硅负极材料虽然目前成本还略高，但是参考其他使用硅材料较多行业的经验（比如太阳能），我们还是可以期望动力电池用硅负极材料未来放量后，在成本方面可以取得的经济性前景的。

虽然硅负极材料有这么诱人的前景，它还是与其他很多高比容量材料一样需面对一个常见问题：膨胀效应（Swelling）。硅负极嵌锂容量是石墨的近 10 倍，石墨负极在充放电时尚且已经有了明显的体积变化效应，就更不要说硅了。硅负

极使用时明显的体积变化使整个单体电芯相应地会发生极大的呼吸膨胀效应（电芯体积随着充放电规律性地变大 / 缩小），这会导致电芯－模组中产生极大的应力，使得电芯这个机械件的力学性能——周边的机械支撑结构设计要求变得复杂。此外，随着长周期的使用，硅负极材料表面会因为反复的膨胀效应发生破碎，从而把之前生成的表面 SEI 保护层破坏掉，此时再暴露出新的活性物质的表面会再发生新的 SEI 生成反应。如图 2.24 所示，硅负极使用过程中，充放电反应时体积有明显变化，多次循环后表面会生成大量的 SEI 膜。这样的机制会使材料与电解液的接触面积不断增加，新的反应会消耗电解液中的重要成分并有可能导致产气、内阻增加、体积膨胀加剧等变化，这对于电芯长时间稳定服役都是非常不利的，需要尽量避免。

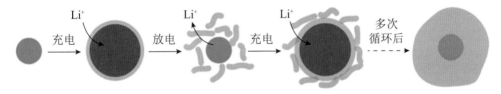

图 2.24　硅负极使用过程中体积明显变化的示意图

　　为了对抗以上所述的硅负极应用中遇到的挑战，业界已经研究出了许多针对硅负极材料的改性技术，比如：

　　（1）纳米化：降低硅材料颗粒的尺寸，可以缩短传质距离利于反应均匀化，小颗粒的应力也更容易释放。

　　（2）包碳：可以提高电导促进反应均匀化，碳可以作为机械外骨骼的束缚提供力学上的支持，降低硅材料颗粒的粉化倾向，以及减少其与外界电解液的直接接触。

　　（3）改性掺杂：改变材料的相组成和性质，使其更为稳定，如适度氧化（目前常用的硅技术的一个方向就是硅氧材料），以及预镁化处理等。

　　（4）补锂：因为硅负极首次充放电使用时都会消耗一部分锂（把它们转化成不能再参加电化学反应的"死"锂），而单体电芯中的锂含量供应常常都是有限的，消耗掉一部分锂就会导致电芯正常使用需要的锂不足，从而引起很多的问题（比如容量下降、循环性能跳水等）。此时我们可以对硅负极采用直接预锂化 / 补锂技术进行处理，或者在正极 / 负极 / 隔膜等中通过其他手段补锂，补偿这一部分被消耗的锂，以保证电芯性能有足够的锂储量来支持发挥。

实际上，纯硅材料想在动力电池中使用是很困难的，即使考虑了以上的各种改性技术的应用，目前最为典型的硅负极材料的使用方法还是与石墨以一定比例混合——目前硅含量一般都在 8% 以内，对应混合物的克容量最高可以达到 440～450mA·h/g。这样的复合硅负极中硅材料本身的问题都会得到一定程度的缓解，应用起来挑战不大，已经有大量的量产使用了（尤其是在圆柱电芯领域）。当然，在动力领域中更高含量硅负极的使用已经在进行广泛的开发工作，负极硅含量 10%～20% 的技术已经有了不少的工作进展，希望在不久的将来更高含量的硅材料可以快速进入工业化，为电池行业的进步提供推动力。

▮▮▮ 2.7 正极 + 负极 + 其他材料的支持 = 单体电芯

在本章一开始时我们说过，锂离子电池的一节单体电芯（Cell）中，主要材料有正极、负极、电解液、隔膜、集流体等，其中参与电化学反应的核心组成部分是重点介绍的正极（Cathode）和负极（Anode）。

图 2.25 给出了典型正、负极材料的电位—比容量数据，图 2.26 给出了一个典型的全电池的充放电曲线，从中可见该电芯的正极与负极材料都有自己的充放电曲线：正极的对锂电位一般是 2.8～4.5V（曲线中最高的那一条），负极的曲线则为 0～1.0V（最低的曲线）。而一个全电池（也就是单体电芯）要使用，就

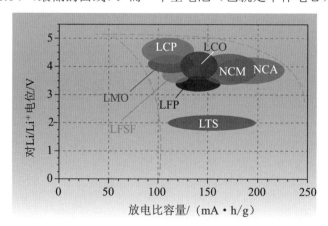

（a）典型正极

图 2.25 典型正极、负极材料的放电比容量和电压信息

图片来自：Li-ion battery materials: present and future, Materials today, 2015

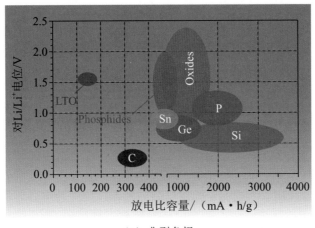

（b）典型负极

图 2.25 （续）

要把正极和负极按基本相同的容量组合起来（根据设计原则负极常常会有一定的过量），因此所得到的单体电芯的充放电曲线就如图 2.26 中的次高线所示：该曲线可以视为正极曲线扣除对应负极曲线后得来的。

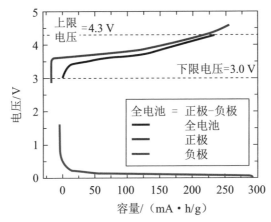

图 2.26 一个全电池的充放电曲线及其与正极和负极充放电曲线的关系

具体到一节磷酸铁锂（LFP）电芯，其充放电曲线又应该如何得来呢？磷酸铁锂正极材料相对于锂的电位是 3.4V，而且其基本是平的平台，与三元材料这种有一定坡度变化的特征十分不同。但是石墨负极还有一个平均为 0.15～0.2V的小坡度平台，因此得到的磷酸铁锂电芯，其额定电压 / 电压平台就是正极电位的 3.4V 扣除负极电位后最终体现的大概 3.2V。

在这里强调一下，"电芯 / 全电池电压 = 正极 - 负极"这个知识点非常重要，因为后面所有对单体电芯工作机理的进一步剖析，以及电芯进入系统后的集成协同，都要首先把电芯作为一个整体器件来看待，那么一节电芯对外体现出的充放电曲线必然就是这个电芯最为核心的电性能数据，不可能总是时时去看这款电芯中的正极怎么样，负极什么样。

当然，在一节电芯中不只有正极和负极材料。如之前已经介绍的，正负极材料需要附着在相应的集流体上以把电子导出到外电路工作，隔膜使得正、负极不能直接物理接触保证了不短路，但是其中又有连通孔隙，使得电解液可以在其中迁移，保证了以锂离子为载流子的内电路的通畅。此外，电芯还需要外壳（也叫结构件）的封装，简单如软包电芯用的铝塑膜，复杂如方形、圆柱电芯的铝壳、钢壳外壳其实还集成了很多子部件，比如保险（Fuse）、排气（Vent）等，都可以为单体电芯带来不同功能上的支持。这些部件 / 组分在电芯中都有它们自己的用途，没有一个是多余的。

因为有了这些材料 / 组件的支持和协同工作，才有了我们的锂离子电池单体电芯，每一个组成部分对于电芯都非常重要，缺一不可。不同的结构件的封装形式带来的软包 / 圆柱 / 方形电芯的区别，将会在第 3 章中重点围绕其结构与工艺进行详细介绍。

‖ 2.8 总结

本章从基本的电化学概念开始，介绍了一次电池（不可充）和二次电池（可充可重复使用）的概念，然后基于电化学的基本原理向各位读者介绍了锂离子电池的工作机理，以及有哪些核心组成部分。正极和负极材料是锂离子电池的核心材料，在本章中就磷酸铁锂、磷酸锰铁锂、三元材料、石墨负极材料及硅负极材料都做了介绍，分析了它们的性能优劣与未来发展趋势，简单说明了为什么其他技术目前不是我们介绍的重点，并结合供应链端的情况分析了这些主流材料对上游材料的依赖，强调了一个观点：一种技术的推广一定要考虑综合因素（技术 + 经济）而不能只看技术上的单一某方面。

在介绍完各种材料后，我们介绍了全电池的充放电曲线是正极曲线扣除掉负极曲线后得来的（二者协作的结果），而在电芯的实际使用中我们不能只看正极 / 负极的充放电曲线，尤其是在与系统进行互动时一般要以全电池 / 单体电芯的充放电曲线为最基本的信息。最后我们还强调了：一节电芯中不只有正负极两种材料——还有很多其他组成材料和部件，而且一节电芯中没有任何多余的设计，每一个部分都有它的作用。

结束了电芯的最基本工作原理和主要材料的介绍，我们已经对一节电池是什么有一个基本的概念了，接下来我们将移步到生产和工艺方面，看看基于这些材料我们怎么把电芯造出来，以及材料、工艺、生产的这些因素与最后电芯的性能和服役行为之间的相互关系又是如何的。

参考文献

[1]https://chem.libretexts.org/Bookshelves/Analytical_Chemistry/Supplemental_Modules_(Analytical_Chemistry)/Electrochemistry/Exemplars/Rechargeable_Batteries.

[2] The 2021 battery technology roadmap, J. Phys. D: Appl. Phys, 2021.

[3] 动力电池在充电过程中的膨胀力特性 [J]. 储能科学与技术，2022.

第3章　电芯结构设计与生产工艺：把材料如何做成电池，学问特别大

在这一章中，我们重点介绍实际应用中电芯的三种主要封装（Format）形式：圆柱（Cylindrical）、方形（Prismatic/Hardcase）和软包（Pouch），以及电芯结构设计的发展演化方向，并从动力电池单体电芯生产的三大工序段：前段（极片制备）、中段（电芯组装）和后段（化成出货）分别介绍电芯生产工艺中的主要步骤和注意要点。

需要注意的是：本章内容聚焦的主要是工业界在大规模生产电芯、实用化各种新型技术/工艺的过程中遇到的重点问题，与学校中偏向于前瞻开发的思路有很大的不同，因此，推荐从学术界转工业界的朋友们重点关注这一部分的内容。

ᎁᎁᎁ 3.1　圆柱 VS 方形 VS 软包：三种封装方式，三足鼎立

3.1.1 圆柱电芯：历史悠久，大圆柱＋新型极耳设计酝酿技术革命中

圆柱电芯的外形呈圆柱体，这也是其名字的由来（图 3.1）。圆柱电芯的对外电气连接常常以电芯伸出的端子为一极，整个壳体的其他部分则是另一极。一般来说，钢壳的电芯伸出端子为正极，壳体其他部分带电为负极。但圆柱电芯其实不仅有钢壳，还有铝壳设计，而这两种外壳的电芯常常具有相反的极性设计——铝壳壳体带正电，因为其与正极片（使用铝箔做集流体）相连接，这恰恰与钢壳圆柱常见的端子带正电、壳体带负电的设置相反。

在生产圆柱电芯时，要把正极极片、隔膜、负极极片卷绕在一起生成圆柱形状的卷芯（Jellyroll），放入圆柱形的电芯空壳体内，再经一系列的后处理工序（电气连接焊接、密封焊接、注电解液、化成等）就可以得到电芯。一般来说，圆柱电芯有很多不同的尺寸设计，直径从 18mm 到 60mm 中间的很多数值都有，

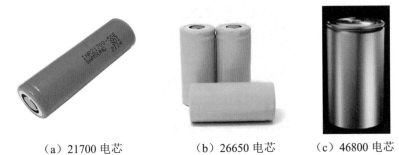

（a）21700 电芯　　　　　（b）26650 电芯　　　　　（c）46800 电芯

图 3.1　典型的不同尺寸的圆柱电芯外观图

但是为了简化讨论，我们在这里主要把圆柱电芯技术分为两大类：小直径的常使用传统单极耳设计的圆柱电芯（主要是 18mm 和 21mm 直径）和大尺寸常使用全 / 无 / 多极耳设计的新型大圆柱电芯（主要是 46mm 直径）（图 3.2）。

图 3.2　典型的圆柱电芯的壳体和内部卷芯结构（摘自网站 upsbattery）

　　传统的小尺寸单极耳圆柱电芯主要是 18650、21700 电池，圆柱电芯也是各种锂离子电池中最早、标准化程度最高的封装形式。在十多年前，笔记本电脑的电池体积还比较大，里面填充的就是 18650 电池（随着电子产品的轻薄化发展，圆柱电芯已经基本不用在这个领域了）。目前，在小动力、消费电子领域中常用到 18650/21700 传统圆柱电芯，特斯拉及江淮等企业有一部分车型也还在使用这种电芯。

　　圆柱电芯的代号常为 5 位数字，比如历史最为悠久的"18650"、后来特斯拉常用的"21700"，以及 2020 年特斯拉电池日后越来越受关注的"46800/46950/46105"大圆柱电芯，而且大圆柱电芯还常常与另一个概念一起被提及：全 / 多极耳设计。其实无论是传统的 18/21 电芯，还是现在正火的 46 电芯，一般都用 5 位数字代码来描述：数字的前两位代表了这个电芯的直径（单位为毫米），所以常见的直径有 18/21/46 及其他典型尺寸（26/33/40/60 等），后面的两位 / 三位数则代表的是这个电芯的高度，比如 65/70/80/95/105 等（单位为毫米）。

圆柱电芯的主要优点是：（1）产线早已高度成熟标准化，技术路线也比较确定，生产成熟度高、产线生产速度快（这一条目前主要适用于 18/21 的小直径传统圆柱）；（2）可以使用比方形、软包电芯更激进的化学体系：这主要得益于其单体电芯容量较小（一般只有几个安时），圆柱的封装壳体受力更为均匀，对膨胀 / 内压力的抵抗效果更好（这一条总体来说也适用于新型大圆柱）；（3）与方形电芯相似的优点：具有刚性的封装外壳 / 结构件力学性能较好且稳定可靠，而且外壳 / 结构件中常常可以设计好提供安全功能的部件（比如泄气 / 保险等），以保证电芯作为一个器件在功能上的安全性（这一条总体来说也适用于新型大圆柱）。

说完优点，再说说缺点：（1）传统 18/21 电芯单体容量太低（只有 3～5A·h），这就要求在集成系统时需要使用大量的电芯，比如特斯拉最早的 Model S 一辆车就需要 8000 只左右的电芯，这在系统集成方面需要非常烦琐的连接（电气连接—铝丝焊，BMS 采样与控制，水冷温控等），效率也会偏低，需要使用大量的辅助支撑材料、部件来集成系统，最后达成的系统能量密度相对于电芯单体的能量密度下降明显；（2）传统 18/21 电芯常常使用单极耳的传统设计，电子导出通路非常拥挤，相应的内阻也很大，这对于提高充放电倍率非常不利。在当年电动汽车不太要求快充、电动工具要求功率性能不那么高时这一点还不是什么大问题，对于现在的电动汽车技术的发展（普遍开始要求快充）可以说已经成为最核心的短板了。以上两点因素共同作用，导致了目前在动力电池市场上圆柱电芯的装机量占比非常低，使用的车型比较少（传统的 18/21 电芯问题很明显，而新的 46 技术还没有完全上市）。图 3.3 就给出了 2022 年中国动力电池装机量信息，圆柱电芯仅为 6.5GW·h，只占市场总份额的 2%）。

2022 年中国动力电池装机量为圆柱 6.5GW·h、方形 244.3GW·h、软包电芯 13.9GW·h。需要注意的是，上述缺点都是针对传统 18/21 小圆柱电芯的，46 大圆柱针对这些问题几乎都做了明确的应对和解决，

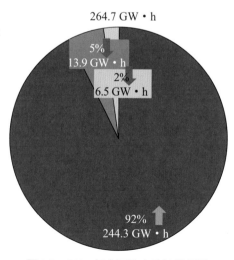

图 3.3　2022 年中国动力电池装机量

虽然技术上还有一些挑战，但是如果能够把这些短板补齐并在工业化中得到可行性的验证，大圆柱技术很有希望为圆柱电芯技术的重新回暖带来很多机会。关于以 46 为代表的新型大圆柱电芯的特点和优势，将重点在 3.3.3 节中做详细的介绍。

3.1.2 方形电芯：不断发展进化的主流技术，最为稳定不犯错的选择

方形电芯是目前动力电池行业中最为主流的电芯技术，近几年在中国的动力电池市场中一般能占到总装机量的近九成。可以说方形电芯技术是随着动力电池－电动汽车行业发展被开发出来的封装方式，从一开始就是为了这个领域的需求而定向开发的（比传统圆柱电芯有更大的容量，具有刚性的机械外壳和集成好的安全保护装置，方形的外形保证了具有合适的尺寸易于堆叠排布），而且在最近的几年中，其技术还在不断发展完善，在结构优化方面也有了很多新的突破，可以说在主流稳定应用与不断突破创新方面达成了良好的平衡（图 3.4）。

图 3.4　典型的方形电芯外观图

方形电芯的外壳常常就是标准的长方体，一般材质为铝，有两个极柱 / 端子（Terminal）引出，其中一个是正极，另一个是负极。在生产电芯的过程中，主要有两种极片处理工艺。

（1）卷绕工艺：把正极极片、隔膜、负极极片卷成卷芯（Jellyroll），然后压平放入壳体中，再经后处理得到电芯，这里的工序总体来说与圆柱很像，但是需要有一个额外的压平步骤。

（2）叠片工艺：把连续的正极和负极极片冲压成一片片单独的长方形极片，再与隔膜进行叠片复合，得到形状与电芯基本相似但是要小一号的极组（其实它和卷绕得到的卷芯 Jellyroll 类似，但它不是卷起来的，所以我们把它叫极组 Stack）再放入壳体中，最后经过一些其他工序得到电芯。

总体来说，卷绕工艺生产效率更高成本也更低，但是把圆形的卷芯压平，得到的一个准长方体，其在两端的体积利用方面总是不可避免地会有浪费（对于追求提高体积利用率的电芯设计来说非常可惜），而且此处的极片是卷曲的，与大多数部位的平整状态不同（应力状态不均会带来设计方面的一系列难题），所以目前在很多追求极致高性能的领域，叠片设计正在获得越来越多的重视。虽然叠片工艺还面临一些挑战，比如生产效率略低、成本略高、切割极片会带来毛刺缺

陷等，但总体来说这些问题都是可以克服／改善的，因此，未来在中高端市场叠片工艺的份额可能还会持续增加（图3.5）。

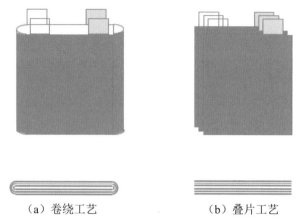

（a）卷绕工艺　　　　　　　　（b）叠片工艺

图 3.5　制备方形电芯内部的卷芯／极组示意图

方形电芯的长宽高尺寸在行业中已经发展出了好多条路线，每一种都有形成的原因和自己的特色，比如最传统的 VDA 尺寸电芯（27mm×148mm×100mm），590 模组尺寸电芯（50mm×220mm×100mm），以及后来的 300/600 长的"短刀"、弗迪的"刀片"电池（960mm 长）等，这些电芯在细节的结构设计方面也有了一些革新，比如缩短 Z 向的极柱高度，把排气孔与极柱异侧排布等。这些新的尺寸、结构设计上的创新都与目前动力电池行业技术发展的几大趋势密不可分，主要包括：

● 电芯单体结构设计不断提高体积利用效率：比如缩短 Z 向的极柱高度。

● 电芯的电－热连接分离：即电芯排气向一个方向，电气连接在另一侧，这样可以减少互相干扰（比如蜂巢能源的龙鳞甲电池概念）。

● 提高系统集成度的技术，比如业内经常提及的 CTP（Cell to Pack）：电芯直接集成系统的理念，很多更长尺寸的电芯设计都更适用于 CTP 系统的设计

● 抑制／达成无热蔓延（No Thermal Propagation，NTP）。

相比于其他两种封装方式，方形电芯的主要优点是：（1）整体机械稳定性和可靠性高：因为其封装外壳是刚性的铝壳，对外界的剐蹭乃至更进一步的破坏的抵抗力强。（2）安全装置集成入了电芯：安全防护的效果更好。方形电芯因为体积更大，实际上集成入这些安全装置要比小体积的圆柱电芯更从容，效果也会更好。（3）系统组成效率高：单体电芯层级已经在各方面都比较可靠，因此在集

成模组 / 系统的时候需要再额外加入的支持元件就少，传统上的模组集成会比较方便（尤其是与软包电芯相比），甚至目前的一些高集成度方案中已经出现了像比亚迪刀片电池 CTP 这种极简的系统设计方案：不只是没有模组，就连电池包中的大多数结构件甚至一部分支撑梁都可以省去，电池包内部的主要结构就是电芯、胶粘及基本的电气信号连接。

方形电芯的主要缺点如果硬要说一条的话，就是其单体电芯的能量密度相对来说不太高，尤其是与软包相比。因为该电芯穿着"壳"，而且壳体上集成了包括安全的一些功能，自然要比"轻装上阵"的软包电芯的能量密度（使用相似的化学体系和极片设计时）要低。但是问题在于，即使电芯单体的能量密度低，最终我们看的还是系统级的能量密度，而软包电芯在集成到电池系统时因为还需要使用外加的很多部件把这些安全方面的支持再给"找补"回来，最后形成的系统能量密度其实往往就又回到与方形电芯一样的水平上了，所以很难说这一条是严格意义上的缺点。

另外，方形电芯还有一大发展趋势需要注意：之前几年为了追求能量密度，很多企业都推出了厚度动辄 70 ～ 80mm 的电芯，这样固然可以保证能量密度的提升，但是电芯的热管理会比较麻烦，而且单体电量也比较大（三元电芯常达到 200A·h，甚至 250A·h 以上）。近年来，随着对安全的更加重视及快充等性能的更高要求，这种很厚的大电芯基本已经比较少见了，大家更多使用的是容量 100 ～ 200A·h，厚度相对更薄（30mm 左右）、长度方向更优化（比如 300mm 和 600mm 的长度）和高度 Z 方向结构更紧凑（减少极柱的体积占用或干脆挪至侧向）的设计。这样的好处很明显：对于更激进的化学体系（比如膨胀更大的高硅材料）使用这样的设计比厚电芯更好应对，热管理更容易做到均温，而且单体能量少一些在热安全方面也更好处理。

总体来说，方形电芯综合性能良好，随着系统整体集成方案的不断发展，该技术也在同步进化，对于先进技术和化学体系的兼容性都不错，作为主流技术值得我们一直重点跟踪。

3.1.3 软包电芯：能量密度高，灵活性高，期待技术革新

软包电芯的外观常呈现为不太厚（10mm 左右较常见）的使用铝塑膜包装的长方形薄片，可能在同侧或两侧探出两片端子 / 极耳（Terminal/Tab）用于电气连接。该电芯的厚度不能太厚，是因为其用于外包装的铝塑膜本身在成型时有变形

的限制，不能冲坑过深，因此可以容纳电芯极片层数 / 厚度就比较有限（图 3.6）。

图 3.6　典型的软包电芯外观图

　　前面提到方形电芯中的极片可以有卷绕或者叠片两种不同的结构设计，软包电芯同样可以兼容这两种极片的结构，但卷绕软包是一种非常不主流的方案，使用的企业很少（的确有过），目前软包电芯大多都是与叠片工艺组合使用。从尺寸上来说，软包电芯的长度常常要适配相对应模组的最长尺寸（比其略短一点），比如 300 ～ 320 的电芯长度配 355 模组，大于 500 长度的电芯配合 590 模组等，电芯的高度常常是 100 左右（配合模组一般的高度 110 左右）。

　　软包电芯的优点主要是：（1）电芯单体能量密度高，使用软包电芯是最容易用相同的化学体系达到最高的能量密度 KPI 指标的；（2）生产灵活性高，软包电芯生产需要的模具比方形、圆柱电芯要简单很多，生产相对灵活（开模时间快），因此调整起来比较方便，对于一些材料体系的验证来说，小的软包电芯（几安时）常常是准备转向大电芯生产前验证化学体系开发的最关键步骤（这样得到的数据不再是小电芯 - 扣电等级了，终于具有了实用全电芯等级上的代表性），而且做小软包比起制备圆柱、方形电芯又要方便很多，所以还是胜在灵活方便。

　　说完优点，再谈谈问题：（1）能量密度：在方形电芯中已经介绍过，虽然软包电芯能量密度高，但因其结构过于简单，最后集成模组和系统后还需要再重新引回大量的结构支撑件，导致最终集成电池系统后实际上还是没有能量密度上的优势。（2）成组烦琐：尤其是在提高系统集成度 CTP 技术迅速发展的今天，方形和圆柱电芯的系统都在各种大模组化、无模组化，此时软包就显得有些力不从心，因为对于软包电芯来说，进入模组和系统时这些支撑件其实是很难省去的。（3）娇气不皮实：软包电芯的表面铝塑膜封装比起圆柱和方形电芯的刚性封装外壳的可靠性差很多，怕被剐蹭，这对于生产质量管控、制备模组工艺等都会造成影响，控制起来要更麻烦一些。（4）热安全行为难管理控制：即热失控—热蔓延的安全要求不好应对，目前 GB 38031 中明确有热失控—热蔓延 5 分钟的通过要求，而使用了高镍体系软包电芯在发生热失控的过程中，一般来说并不像圆柱和方形电芯一样有专门设计的一定条件下触发的定向排气装置，这就会导致热喷出物的方向不能确定，对于规划设计热、电的通路，避免它们之间互相影响就带来了很大的困难，很容易造成单节电芯热失控之后发生的热传播、喷气方向等诸多后续连锁事件的不可控性。

近年来，随着固态电池等新技术的发展，大家也在思考软包电池应该如何发展，努力把新的设计和技术结合到软包电芯中去，以期改进以上遇到的问题。比如已经有企业开发了软包的定向泄气结构，也有增加额外加热极耳制备全气候电池（All-Climate Battery，ACB）这样创新的尝试（图 3.7）。此外在系统层面，软包电池企业也提出了新的系统集成方案，比如孚能科技最近推出的 SPS 技术（Super Pouch Solution）等。我们期待着这些技术的发展能为软包电池指出一个明确的方向，使得该技术的发展迎来新的春天。

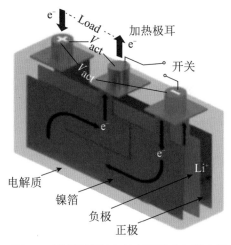

图 3.7 配备了额外加热极耳的全气候电池

图片来自：Lithium-ion battery structure that self-heats at low temperatures, Nature, 2016

‖⁚ 3.2 电芯单体生产前段：极片制备

介绍完单体电芯的三种封装方式，我们更进一步地来观察一下生产电芯需要哪些步骤，如何才能把运来的各种粉体、膜材、集流体箔材料、结构件等材料做成最终的一节节单体电芯呢？

总体来说，锂离子电池的单体电芯的生产一般分为前段（极片制备）、中段（电芯组装）和后段（化成出货），在这里我们先说一下前段：极片制备。

3.2.1 备料

要生产电芯极片，我们首先要准备好原料，即备料（Material Incoming）。首先要到锂电池企业的仓库采集生产电芯所需要的各种原料，然后把制备极片需要的各种材料按照已经定好的配方准备好：如果是正极，就是正极活性材料（磷酸铁锂/三元材料），以及导电剂（炭黑/碳纳米管等）和黏结剂（比如 PVDF 配 NMP 的胶液）；如果是负极，那活性材料是石墨/硅材料，导电剂相对于正极也会有一些调整，以及相应的黏结剂体系（负极目前用的主要是水体系的黏结剂，比如 CMC/SBR 等）。

对来料我们都要进行一定标准的质量检测（Incoming Quality Check, IQC），以保证来料各项指标达标且一致性良好。另外，原料的存储也需要在专门的库房完成，库房要保证一定的环境控制，满足信息化/物联网要求的每一批原料的可追溯性，不良来料要有专门的地址存放，在材料使用时还要满足"先进先出"（First In First Out, FIFO，即早入库的原料要早用掉）原则等，这些都是在备料和相应的仓库管理方面要注意的要点。上述要求看似琐碎，但是要想造好电池每一个环节都需要细心对待。

3.2.2 混料

混料（Mixing），即把上一步准备好的材料，按一定的配比和顺序加入混料的罐体之中（工业生产中常常使用的是 500～1000L 甚至是体积更大的罐体），然后里面的搅拌桨就会启动，进行高速的旋转和分散，把固体粉末和胶液混合均匀，在这个过程中还要进行抽真空除泡等工序。一般经过 6 小时左右的处理，我们就会得到黏稠度适中、均匀、无泡可以用于后续工序涂布用的浆料。需要注意的一点是，从混料开始，我们就需要对动力电池生产的每一道工序进行非常严格的环境控制，对温、湿、洁净度都有很严格的要求（除了负极水体系对湿度要求不严以外），这是因为锂离子电池结构的内部对杂质极其敏感（比如各种杂质、异物、磁性物的引入都会对电池的性能带来灾难性的影响），而电解液、三元材料等对湿度也十分敏感，因此直到电芯封口工序完成从而使电芯内部不再与外界接触前，对环境的高管控要求都会一直存在，这也是锂电池生产需要关注的核心点。

3.2.3 涂布

涂布（Coating），即将上一步中混料制备的浆料输送到涂布机上，以精确的厚度（常常是几十到几百微米）均匀涂覆在集流体铜箔／铝箔上，在此过程中，铜／铝箔以一定速度相对涂布头运动，将浆料覆盖于自己的身上，然后再进入较长的隧道烘箱（几十米非常常见）以将浆料中的溶剂蒸发去除（依据使用的黏结剂体系的不同，相应使用适合的温度烘干，有时最高可达 120℃）。如果是正极的干燥过程，因为其使用了 NMP 溶剂，在这个过程还需要配备相应的蒸汽回收装置（不能直接排放，会污染环境）。

干燥完毕，在烘箱的另一头完成涂布收卷，就可以得到涂布好的极片。一般来说，极片都要涂布两面，所以收卷后就要把极片反过来再涂布另一面，再经过相同的工序完成干燥收卷。目前最宽的涂布幅宽可以达到 1500mm，涂布速度可以为 50 ～ 60m/min，行业的期望自然是一次可以涂更宽，速度可以更快，但是这两项指标达成的前提是要保证涂布均匀性，即高质量的达成，因此同时达成这几个指标并不容易，也是有很多工作要做的。

在这里还需要特别注意的一点是：涂布环节需要对环境洁净度有更为严格的控制，这主要是因为涂布时浆料会与外界环境空气接触，此时材料暴露在外界引入污染的风险只会比混料步骤还要大，因此该步骤对环境洁净度的要求只会更高。很多企业都会在这个工序再额外施加防尘罩＋空气净化器（Fan Filter Unit, FFU）来解决问题，以保证减少外来杂质对极片的污染，这也是保证极片乃至整个电芯质量的一个关键工序。

3.2.4 分条

分条（Slitting），即将涂布制成的极片分切成更窄的指定宽度的极片的过程。这里常常要使用硬质合金切刀，将极片一分为二甚至更多条。切刀的质量和能力非常关键，需要定期检查、维护、更换以保证其在最好的状态工作，如果分切出来的切／截面有大量的毛刺缺陷或者飞屑，会在后面产生严重的后果，导致异物引入／扎破隔膜造成短路等一系列严重问题。需要注意的是，分条有时可能不止一次，有时会先有预分条（Pre-slitting，常常只是一分为二），有时则不需要这个步骤（根据工艺设计会有所不同），而且各企业对分条工序与后面的辊压等工序的相对前后顺序有时也会有区别。

3.2.5 辊压

辊压工序的英文为 Calendering，或者也可以简单点叫 Pressing。需要注意的是，这里的 Calendering 的词源 Calender 是以 er 结尾的，不是 ar，所以它并不是我们常见的"日历"这个词。辊压工序，即将极片通过一定间隙的金属双轧辊，在压力下把极片压得更紧实、厚度变小的过程。为什么要进行该工序的处理呢？这主要是因为刚刚干燥出来的极片一般孔隙偏多，都需要辊压过程使其更密实化，使其体积比能量密度更高，此外辊压还可以使极片内部的颗粒接触和电荷传导网络更好，从而提高整个结构的电导率。

在这里要注意：（1）辊压不是压的越实越好，因为压力太大可能导致正/负极活性物质颗粒过度破碎，暴露出过多的颗粒内部反而会加剧副反应导致不利影响，还可能影响电解液的浸润；（2）压辊使用久了以后常常不同位置的尺寸在施力状态下会有变化，因此设备的维护非常关键，这关系到辊压出极片的均匀性和质量；（3）轧辊本身的尺寸越大，想要让各部位辊压出的效果均匀一致就越困难，因此有时前面可以宽涂布出宽极片，但是在辊压时常常就需要做预先分条（比如一分为二），以保证待处理极片的宽度还在辊压机可以胜任的幅宽以内；（4）辊压后常常极片还会回弹，这个过程视材料体系、黏结剂体系等因素都会不同，回弹现象的持续时间和幅度也会各有不同，因此要格外重视。很多企业针对更为容易回弹的负极会制定二次辊压、加热辊压等工艺，都是为了让辊压后的厚度控制可以更为精确。

3.3 电芯单体生产中段：电芯组装

完成了前段极片的制备，接下来我们就移步到中段，看看在这里是如何把前段做出的极片组装成初步的电芯，并为后段的化成出货做准备的。中段的一大核心看点就是卷绕和叠片这两种不同的组装工艺路线，在这里其实还涉及很多机械相关的其他工序，如焊接、密封等，它们对于电芯的生产同样非常重要。

3.3.1 卷绕

卷绕（Winding）是一项非常成熟的工艺，其生产效率非常高，相应地也能带来更为低廉的成本，主要适用于圆柱电池及方形电池。其生产方法也比较直观：把连续的正极极片、隔膜、负极极片旋转绕在一起，有点类似于我们卷卫生纸——开始得到的卷芯比较小，越卷后面得到的卷芯越厚越大。得到指定尺寸的卷芯后就要装入电芯，如果装入圆柱电芯则直接插入即可，如果是方形电芯就会有一些变化——可能要用两个中心针把卷芯拉成一个类似于椭圆的结构，在卷绕完毕后再压平整形成准长方体的形状，使其可以进入方形和软包内部腔体中去，如图 3.8 所示。

（a）卷绕得来的圆柱电芯　　（b）方形电芯的卷芯

图 3.8　卷芯示意图

卷绕的工序是高度自动化和连续的，主要动作就是旋转，只有每一个卷芯初步卷制成后才会中断卷绕行为并执行切断动作，生产效率很高，成本也较低，杂质污染问题也比叠片要好很多，因此在方形电芯中尤其是中低端的磷酸铁锂电池中是最主流的生产技术（而在圆柱电芯中则是无争议的唯一技术）。对于圆柱电芯来说，卷绕出来的各部位的力学性能状态基本是均匀和相同的，这也为该电芯去适配应力更大的新一代体系创造了有利的条件（更不容易像方形电芯一样有时会出现电芯中间"胀肚子"的现象）。

在这里要说一下卷绕工艺的不足：（1）R 角潜在缺陷问题：在方形电芯中使用时，卷绕出来的卷芯需要压平成准长方体，但是在两边尽头必然存在一个圆弧状的过渡区，我们称这个区为 R 角。这里的应力状态与卷芯中的平行－平整区的力学状态明显不同，而在反复的使用中受复杂电化学反应、应力等多重因素的影响，这里就容易产生开裂、加速老化、掉粉等一系列的风险，这些问题在设计时都需要谨慎考虑，采取应对措施。虽然目前业内对这个问题都已经有了较为成熟的应对方案，但它还是一个需要注意的点。（2）R 角的空间利用率问题：如果与后面叠片的极组做对比，不难看出叠片出的极片堆可以完美地放入空腔，而 R 角的存在必然导致一定空间的浪费，这是卷绕不可避免的一个问题，虽然可以通过多个子极组 / 卷芯并联的方法来进行缓解，仍然不能从根本上解决这一问题（图 3.9）。

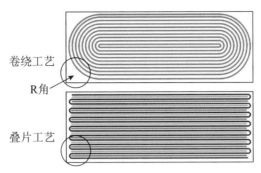

卷绕工艺

R角

叠片工艺

图 3.9　方形电芯使用卷绕工艺和叠片工艺得到内部（卷芯 / 极组）的结构对比

3.3.2　叠片

　　接下来介绍目前主要用于软包和方形电芯的叠片（Stacking）工艺。方形电芯和软包电芯其实从形状上都可被看作一个长方体，那么就可以在其空腔里填充"一张一张的"极片，并在正负极片之间填充隔膜，堆叠起来就可以得到电芯内部的极片堆（Stack，也可以叫极组），密封好外壳后就得到了初步的未激活的电芯。

　　因为从前段得到的极片在长度方向上是连续的，如果要把它们变成一片一片的极片，就需要：（1）切极耳（Tab Cutting），即使用五金刀具或激光刀把极耳切出，其他未被活性物质涂覆的区域就要被去除。在这里，刀具的质量同样很重要，因为切出极片的外缘同样需要光滑无毛刺，而且切割出的飞屑杂质也需要去除干净，防止污染。（2）把连续的极片再冲成一片一片相等大小的长方形极片，这里就叫作冲片（Punching），一般使用五金模切即可，同样也要注意刀具质量，保证冲出的极片边缘光滑并要去除产生的飞屑杂质（图 3.10）。

　　接下来就可以把切好片的正极和负极极片与隔膜一同准备好，开始进行堆叠。行业里最为常见的方法为 Z 字叠，即放置正极后，把隔膜拉出盖上，覆盖后立即按住一边然后在上面堆叠负极，然后把隔膜反向拉过来覆盖，再放置正极极片，如此反复。因放置正极后的隔膜拉出方向与放置负极后的

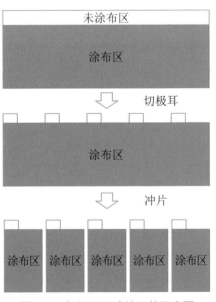

图 3.10　切极耳和冲片工艺示意图

隔膜拉出方向正好相反，隔膜的运动方向如同字母"Z"的两横一样，所以叫作"Z 字叠"工艺，如图 3.11 所示。

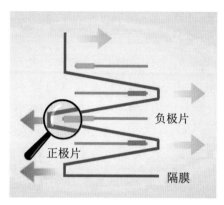

图 3.11　最为常见的"Z 字叠"工艺示意图（摘自 chuandong 网站）

叠片工艺相比于卷绕，主要的缺点是反复的冲片带来了更多杂质污染、毛刺缺陷的可能性，其生产效率更低，成本要高一点。但是叠片工艺的优点也十分明显：相比于卷绕工艺，叠片工艺做出的极组与方形、软包电芯中的空隙完美契合，没有任何空间上的浪费，这在连 1% 的容量提升都很重要、在电芯设计上需要追求极限利用的今天尤为重要。此外，叠片工艺制备的极组在各处的力学性能状态基本均匀相同，不存在卷绕方形电芯中必然存在的 R 角问题，这对于极片 / 极组的整体设计也更容易。总体来说，对于方形电芯，叠片工艺目前正在取得越来越大的市场份额，尤其在高端场合中占据的优势正日渐明显。

3.3.3　圆柱卷绕新结构设计：极耳优化与大圆柱全极耳技术

前面介绍了典型的中段的卷芯（Jellyroll）/ 极组（Stack）的制备工艺，即分别对应了卷绕（Winding）及叠片（Stacking）工艺。对于方形和软包电芯，这两种工艺都是适用的；而圆柱电芯则一直只能使用卷绕工艺。

传统的 18650/21700 圆柱常常只使用一个极耳。这样，制备工艺虽非常简单，但也带来了问题：内阻很高，功率和快充性能较差，这也使得圆柱电芯 2016—2020 年在动力电池领域走势低迷，装机量一直没有起色（只有特斯拉的部分车型及国内的江淮等少数车企使用）。在 2020 年的特斯拉的电池日中，特斯拉公司的 CEO 马斯克明确提出了 46800 + 全 / 无 / 箔极耳的大圆柱发展路线，2020—2022 年，大圆柱技术得到了迅速发展，大家都认为这将是让圆柱电芯可以迎来复兴的革命性技术。

那么，大圆柱技术相比于传统 18650/21700 电芯，主要不同是什么呢？极耳结构有什么特点呢？这里的全/无/箔极耳是什么意思？全极耳和多极耳技术的区别是什么？下面分别介绍一下。

首先说"大"，"大"是相比于 18650/21700 电芯的尺寸而言。一节 21700 一般有 5A·h 左右，而 46800 电芯因为尺寸更大（直径 46mm，高度 80mm），单节电芯的容量为 25A·h 左右。如果替换原本的 21700 电芯，可以把电动汽车内的电芯使用的数目降低到 1/5——这对于 BMS 设计系统集成会方便很多。此外，46800 电芯"大"得恰到好处，因为它的容量也没有高到像目前方形电芯一样（常常有 150 ～ 250A·h），这样单体的能量没有那么大，在安全方面的设计就会比方形电芯要从容很多（单体电芯如果失效，肯定容量越小的电芯释放出的能量越小，也越好控制）。而基于 46800 衍生出的高度更高的 46950/46105 电芯高度与一般车型的电池包高度适配性更好，因此很多车企的许多车型都在基于这两个尺寸更高、容量也相应更大的电芯开发电池包。

然后就来说说极耳。传统 18650/21700 电芯的极片，展开以后结构如图 3.12（a）所示：涂布区（Coated area）延续一段指定长度后会有指定的不涂布间隙，这个区域就可以用来焊接转接片（Connection tab）/极耳用于电子导通通路。而如果是全/无/箔极耳结构（它们指的其实是一种结构），就如图 3.12（b）所示：沿着极片长度方向，在极片的最外缘一直保留不涂布的区域（也就是极耳）作为最终的电子通路，所以你可以认为这样的极片/卷芯"全"是极耳（Full-Tab），也可以认为都是极耳也就没有极耳了（无极耳，Tabless），也可以说箔材就是极耳（箔极耳，Foil-Tab）。此外还有一种不能忽视的技术，叫作多极耳（Multi-Tab），其实它就是参考目前的方形电芯——卷绕工艺的设计理念得来的：按一定间距切割出多个极耳，然后卷绕后使其对齐，同样可以起到促进电子导通的效果，如图 3.12（c）所示。

具体来讲，为什么全极耳和多极耳可以在电子电导、内阻和快充性能上给出明显的提升呢？参考图 3.13：该图把极片的结构与电芯的内部各材料之间的关系做了一个对应（图 3.13（a）），可以看出极耳部分要把含有活性物质的涂布区反应后产生的电子导出（即图中各箭头所示）：如果是传统 18650 电芯（图 3.13（b）中所示结构），这些电子都要跑很远到中间的转接片处汇合；而如果是全/无/箔极耳（图 3.13（c）），或者多极耳的设计（图 3.13（d）），这些电子就可以就近直接几步走向附近的极耳区，这样就完成传导了。

打一个比方：好多人从一个场地要出去，一个是开了一个窄出口（单极耳），一个是整个场地就没有围墙（全极耳）或者有好几十个出口（多极耳），那当然是窄出口的慢，后面两种更快更高效了。

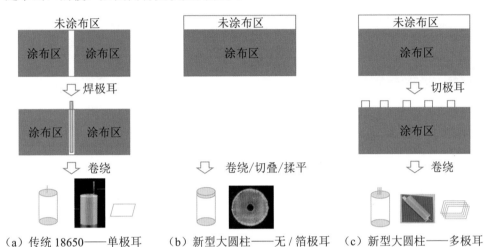

（a）传统 18650——单极耳　　（b）新型大圆柱——无 / 箔极耳　　（c）新型大圆柱——多极耳

图 3.12　各种圆柱电芯的结构示意图

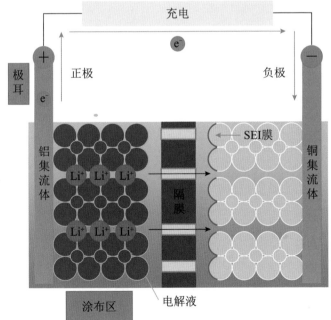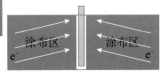

（a）电芯极片的结构与电芯的内部各材料之间的关系　　（b）传统 18650 单极耳

图 3.13　电子导通通路示意图

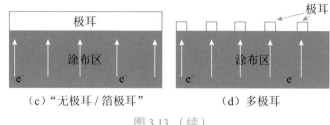

（c）"无极耳 / 箔极耳"　　　　　（d）多极耳

图 3.13 （续）

3.3.4 卷绕 / 叠片之后的一系列工序

3.3.1 节和 3.3.2 节介绍的卷绕和叠片其实是平行的工序（即用了一个就不会再用另一个），而 3.3.3 节介绍的技术则是近年来卷绕工序在圆柱电芯领域中的创新。总之，经过以上工序后，都要经过接下来的工序才能在中段结束后得到内部已经密封好——与外界空气隔绝的准备激活的电芯。以下的几道工序总体来说对于圆柱、方形、软包电芯都适用，但是基于不同的电芯结构设计、工艺上的创新性，各种电芯 / 各家企业的具体顺序都不太一样，所以在这里给出的仍然是一般性的行业经验介绍，具体到某款电芯的工艺方法肯定还要具体问题具体分析。

3.3.5 极耳焊接

极耳焊接（Tab Welding），即将从集流体上延伸出的未涂布的箔材极耳与一般是同材质（铜 / 铝）的极耳转接片（Connection Tab）进行焊接。常常需要首先把对齐的极耳进行预焊（Pre-welding）：因为这些箔材极耳就像"书页"一样，摞在一起但还是会活动，预焊可以让它们紧密地结合在一起（就不会再动了，像订书机给订起来了一样），以方便下一步的处理。最后就可以通过电阻 / 超声等焊接法，把箔材极耳与转接片 / 盘焊在一起，这样从极片中导出的电流就可以最终通过箔材极耳流到转接片 / 盘处。

3.3.6 入壳

入壳（Insertion）即将卷芯 / 极组放入容纳它们的机械外包络（电芯壳体）中。如果是软包电芯，首先需要把铝塑膜进行冲坑，制备出容纳卷芯 / 极组的腔体（Cavity），然后对折并封死两个侧边——做成一个"口袋"，再放入卷芯 / 极组。如果是方形和圆柱电芯，一般来说结构件常分为 Can（壳体）和 Cap（盖帽）两大部分——我们就要把卷芯 / 极组放置到壳体之中，而且要把转接片与壳体 /

盖帽上相应的"端子"处通过焊接完成连接，使得最终外壳体上的相应位置与卷芯 / 极组的正负极达成电气连接并可以导通电流。

3.3.7 密封

这里的密封（Sealing）一般指的是电芯整体性结构的一个密封，比如方形和（非传统 18650/21700 的）圆柱电芯要通过焊接 / 机械密封，把盖帽与壳体进行连接封死，但常常还要留下注液孔方便后面注液（所以这里的密封并非字面意思上理解的"完全封死"）。而对于软包电芯，它会在上面已经形成"口袋"结构的基础上进一步密封，变成一个有窄口的"口袋"，这也是为了方便后续的注液工序。还要注意一点：软包电芯在此时还会留一个气袋结构，用于后面预充、化成时专门收集排出的气体，统一处理。

3.3.8 注液与静置

注液（Injection）与静置（Soaking）：在上一步密封后，我们就需要把一定量、一定配方适配于本电芯材料体系的电解液注入电芯，以完成电芯内电路构建的第一步。在这里要注意：注液量需要精确控制，多了少了都会引起电芯性能的波动，因此马虎不得。电解液的成分非常关键，尤其是里面除了基础的碳酸酯类液相成分以外，还有各种锂盐及添加剂等。不同电芯体系、不同企业常常会有自己的"独门秘方"，因此，电解液部门常常在一个企业中属于密级很高的部门，这一点格外需要注意。电解液对环境很敏感，如果环境湿度大，电解液里的六氟磷酸锂盐（$LiPF_6$）会与水反应生成氢氟酸（HF），这对于电芯的性能会有很大的不利影响，因此这里的环境露点（Dew Point，DP）管控极为重要。

注液时的电芯已经总体密封，只留有一个小的注液口供注液，而电芯的卷芯 / 极组又是比较紧实、缝隙较小的结构，这也不利于传质的均匀化。因此注液常常要配合一系列辅助措施，比如反复地抽真空 – 注液，以及适当的高温处理等，使电解液能够迅速均匀地在电芯内部铺展开来，并赶走其中的空气，最终使用的电芯中，里面是不能有气体的（不管是生产过程中留下的空气还是后来使用中产生的气体），有的话会产生严重的老化乃至安全问题。所以引出一个题外话：你生活中发现电芯鼓包胀气了，第一反应绝对不可以是用针扎了把气排出来（危险！），而是应该立即丢弃 / 交给电池回收机构。

在注液过程中，为了保证均匀化的效果，常常需要"沉住气"，反复抽真空等要花时间，注液后也常需要放久点，让电解液有充分的时间"延伸"到电芯内部的每一个角落，这个放置等待的时间就叫静置（Soaking）：从字面意义上看就是让内部都被浸渍 / 泡"透"了。如果不能静置充分，可能电芯内部就有地方没有电解液，在后面使用时，局部的一点点不均匀会逐渐演化为失效，并不断扩大蔓延，这对于电芯的正常使用极其不利，因此静置工序对于制造出高质量的电芯同样极其重要。

静置需要科学的时间：时间太短会造成均匀化不彻底，而且现在的新设计都在不断挑战极限，压实密度等都在变高，包括 46800 的全极耳电芯的卷芯在顶端面的极耳紧实堆叠结构（如图 3.14 所示）也对静置 – 电解液均匀化效果有着更严苛的要求。静置时间太长又对生产效率和成本优化不利。因此大家也在不断地寻找最优的生产工艺参数。以 46800 圆柱电芯为例，2 天左右的注液 + 静置时间常常是需要的。

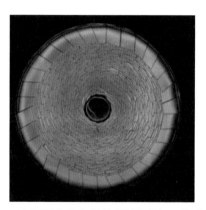

图 3.14　46800 全极耳电芯的卷芯顶端面的极耳紧密堆叠的结构

此外，有的电芯可能还需要做二次注液，该工序常常是在预充 – 产气工序后和最终密封钉封口 / 终封口工序前。具体操作方法是：在预充 – 产气后先获得目前的重量、电解液状态，然后相应地补液以保证补完重量后电解液足量、不同电芯重量相同。但是不同电芯的工艺不同，不同企业对这个问题的理解和应对思路也很不一样，有的厂家需要二次注液甚至还有三次的，有的则认为一次足够，在这里就不做进一步的展开分析了。

3.3.9 预充

预充（Pre-charging）：如上所述，在注液 – 静置工序后，电芯内电路构建的第一步就完成了，但是这只是开始。此时材料刚刚接触电解液，表面还不太稳定，尤其是负极还有待于进行初步电化学反应以生成表面的 SEI 膜，这都需要通过预充的步骤来实现。

我们要做的就是把电芯连接到充放电与化成设备上，在一定的温度或压力条件下，该设备将按照指定的化成程序，以一个小电流的工况对电芯进行充放电处理。在这个过程中，电芯内部的材料发生电化学反应并进一步与电解液等物质反应，初步生成活性物质表面的保护层，此时常常会产生大量的气体：如果是软包电芯就要进入气袋，后面再切除和导走处理气体，如果是方形 / 大圆柱电芯等则需要收集气体并处理好。

要注意，预充这一步生成的 SEI 膜保护层还是初步的，要真正生成内部结构完整成熟、可以出厂服役的电芯，还要靠后段工艺中更长时间的化成工序来实现。

3.3.10 密封钉封口 / 终封口

经过以上的注液、预充工序后，电芯中有了足量的电解液，而且初步的反应已经进行，材料已经被初步激活，在正常情况下后续使用应该不会再产生气体了，此时就要对电芯目前还与外界有连通的注液孔 / 缝进行最终的封口工序。

对于方形电芯和现在的 46800 圆柱电芯来说，常常使用密封钉来做最终封口密封（Pin Sealing）。很多情况下都是一个小的密封钉，其有橡胶材质的部分（偏向于机械弹性密封）以及金属部分（进行激光焊密封），需要以这两重机制配合进行密封。不过目前也有其他的密封钉设计，比如纯胶封 / 铆接密封等，但现在行业里的主流技术还是激光焊密封。而对于软包电芯，最后封口就是要把之前未注液留下的空隙去除，并像前面的热封口工艺一样把最后的边 / 空隙也给封死。

3.3.11 中段小结

经过中段，我们的电芯已经初步功成，但是这里它还只进行了最初步的激活，最后能否合格出厂，还要看后段工艺的磨炼。需要注意的是，此时得到的电芯的内部已经和外界空气隔绝，不会再引入外界的污染或与外界发生物质交换了，因此进入后段工序后，对环境的管控要求会明显放低，不用像前面那样对温度、湿度和空气中的杂质灰尘有那样严格的要求了。

在中段使用的工艺整体偏向机械加工方向，有卷绕和叠片这两大制成路线，它们各有各自的优缺点。中段还有很多道焊接、密封等方面的工艺，它们同样十分重要，执行的质量对电芯的性能和生产的产能会起到至关重要的影响。相比于前段和后段，中段的机械处理工序繁多，各企业各种电芯设计要求的中段工艺都会有很多自己的特色和细微差别，因此值得多关注、多学习、多对比、多思考。

|||▶ 3.4　电芯单体生产后段：化成出货

在 3.3 节介绍的中段工艺完成后，得到了一个内电路初步构建已经完成、内部与外界空气隔绝的"半熟"电芯，但还要经过后面的一系列化成（Formation）、分选（Sorting）工序，使电芯最终成熟，并筛选出合格的电芯，来完成出货。

3.4.1　化成

化成处理，即在一定的压力、温度环境下，电芯进行一次 / 多次的充放电 / 静置处理，使电芯内部的材料得到充分活化反应，形成后续可以稳定工作的成熟状态。电芯的后段化成工艺常常需要花费至少一周的时间，要经过多轮不同的充放电、静置处理，而且会与分选中的一些子工序穿插进行（比如一轮 K 值筛选后又进行充放电处理，再进行下一轮充放电处理）。不同的企业基于化学体系的不同，也要摸索出不同的后段工艺，此外需要积累相当的经验和技术储备。

3.4.2　分选（Sorting）

我们在这里给出的分选实际上是在后段工序中多种检测 - 筛选工序的集合，包括但不限于以下代表性工序。

测试容量：比较直接，就是在一定温度条件下以一定倍率测试充放电容量情况，容量过大和过小的都要被分选出来，以保证得到的电芯容量比较"整齐划一"。

K 值筛选，即电芯统一调整到一定荷电状态（State of Charge, SOC，即电量状态）并在一定温度下放置，然后测量其一定时间（天数）后的自放电率（Self Discharge Rate, SDR），放电过快的电芯就要被剔除出去或降档使用。

分选还包括许多其他测试项的出货检验项（Outgoing Quality Inspection, OQC），即在出货前，需要对电芯的多项指标（比如外观、交流内阻、直流内阻，各种客户自定义项等）进行测试审查，保证出货物符合要求的工序。总之，经过多道检验、筛选，在最后的出货检验中，合格的电芯会被挑选出来，它们性能相近，整齐划一，我们需要它们像"士兵"一样在后面的服役中通力合作，步调一致。而其他不满足要求的电芯，我们就会挑出来将其丢弃或降档使用。更为重要的是：还要对其进行深入的研究，探明产生不良产品的原因，从而积累经验，为未来不断改进提供基础。

3.4.3 其他支持工序

在后段还有一些典型的支持工序，比如打码：给每一个电芯表面打上二维码/条形码，方便追溯；比如贴膜：为表面封上保护用的包裹，防止机械损伤、减少污染的风险并可以为表面带电的壳体起到绝缘的作用（避免不需要的地方与外界发生潜在的电接触），以及最后的打包出货等，要满足海关、安全等一系列的要求，把电芯装入合适的包装内，再打包运输出货。

经过这些工序，终于我们的电芯已经制作好了，准备装车装船，运向车企客户，进行下一个阶段电池系统的组装。

▌▌▌ 3.5 关于电芯生产的一些思考和总结

3.5.1 制作好一块电芯，要考虑的因素很多

前面介绍了电芯生产的前、中、后工段，在这里再简单总结一下，贯穿于整个电芯生产过程，要做好车规级的电芯，一些核心的指导精神是什么。

首先是环境要求苛刻，杂质控制要求高（Environment control & Avoid particle）。尤其前段和中段对温湿度和环境杂质的控制要求很高，这主要是因为高镍正极、电解液等对潮湿极为敏感，杂质一旦引入电芯会导致轻则自放电、微短路，重则电芯失效等严重问题。

其次是要求一致性和稳定性（Homogeneity & Precision & Consistency，即均匀、精确与一致）。电芯生产步骤烦琐，小的偏差积累后会变成大的结果差异，而电芯使用又特别讲究整齐划一性能一致，因此有了很多环境、工艺方面的严格要求及各种工序中的严格检测工序（在线、离线的工序很多，在这里因为篇幅关系，很多工序里的质量控制检测都没有展开描述）。

可制造性（Design for Manufacturing，DFM）也很重要。很多材料、技术可以在实验室中小批量使用、生产，但是电芯生产最终要落实到大工业领域，需要考虑工艺的窗口和可操作性，还要考虑设备的能力，以及要实现这些最后真正要付出的额外成本是多少。如果设计和理念完全超出了设备 / 工艺实际能力的极限，则电芯造不出来，一切还是为零。

最终，要达到量产且成本有竞争力（Mass Production and Cost Effective）。根据一般的产品开发流程，对于一款新的电芯，我们要做完设计验证（Design Validation, DV）和过程验证（Process Validation, PV）后，才能进入量产出货的阶段，这个过程常常需要 2 ～ 3 年，可见从研发的初步样品到最终进入量产要经过多重考验。对制造业我们要常怀敬畏之心，做好东西需要沉下心去积累、去沉淀、去提高，这样最后才能走过各关挑战，进入稳定量产阶段。而只是进入量产还不够，我们还需要持续考虑成本优化：怎样把产品做得成本不断优化、物美价廉、在市场中有竞争力？因为最终产品是要在市场中拼杀的，各方面都要让客户满意，而成本就是重要的一环。如果你的技术听着很美好，但是最后带来的性能优化如果不能匹配其偏贵的价格，也很难获得长期竞争中的最终胜利，市场竞争就是这么残酷。

所以，要做好一块电芯不容易，需要考虑很多因素。

3.5.2 小小的一块电芯制成过程，集成了许多学科的知识，需要跨部门团队的通力合作

在本章，笔者介绍了圆柱、软包、方形电芯三种不同的封装方式可以带来电芯性能方面的不同，以及相对应的生产工序上的区别，并对电芯的生产与工艺过程，分为前段（极片制备）、中段（电芯组装）、后段（化成出货）做了介绍。

笔者认为，电芯从设计到生产需要投入、经验，而且它还是一个特别跨学科的任务，需要极为宽广的知识面，以及一个大团队的紧密协同，比如在不同具体的细分工作包中，都需要拥有相关知识的人才。例如：

各种材料的物化性质与材料学 / 化学相关；

各种电气性质（自放电、内阻）与物理学相关，但是它们的机理来自电化学；

力学性能的考虑（膨胀、化成时的压力等）与力学相关，同样与电化学联系紧密；

不同设备的如何使用与机械设备相关；

整车厂的需求、车规级的要求、质量体系的搭建与汽车行业和质量管理相关；

团队协调、项目统筹与项目管理相关；

还有很多，这里给出的只是最简单的分类。

在动力电池的开发项目中，不仅需要的工种多，还特别需要团队协作。首先我们还可以列举出开发动力电池的各代表性参与工种：比如设计、工艺、测试、结构、仿真、质量、设备、生产、物流、商务等。接着你会发现：任何一个工种都必然会与其他很多方面的负责人产生协作联动，没有一个人是孤立的。电芯要做好，离不开所有环节的认真配合协作：负责商务、成本核算的人谈价格需要研发输出物料清单（Bill of Materials, BOM）；负责质量的人要工艺和研发来配合；项目管理需要把所有方面的人拢在一起进行协作。所以对于每一个从业者来说，多学习和多了解一点其他领域的东西，对于做好电池非常重要，而这样的团队才能做出更好的产品。如果你自己什么都多了解一点，对同事的工作也更清楚一些，那么对行业的理解也就会相应地更深一分，这能帮助你更好地与他人配合协作，也会为你的职业生涯的前行道路多开辟一种可能性。

因此一定要多思考，积极沟通，保持开放学习的心态，时刻牢记只有团队协作才能做好电池，这是一个电池行业从业者需要时刻记住的一点。

在第 3 章，我们介绍了电芯的三种典型的封装形式以及制备电芯的前、中、后三大工段的工艺；而基于第 2、3 章的内容，我们已经对"电芯是什么"和"电芯怎么造"这两方面的内容有了一个基本认识。生产出一节节电芯后，我们最终希望把它们用到电动汽车里为驱动车辆提供能量，此时就必须首先把电芯集成到电池包 / 电池系统（Battery Pack/System），这样才能从单体电芯（一般容量为几十安时，电压为几伏）扩展到电池整包的几百安时、400/800V 电压的性能，然后才能对接到汽车的高压系统，与动力系统进行协作互动。

在电动汽车的开发工作中，电池系统会和整车在设计方面产生诸多的相互影响：目前在很多新的纯电车型的开发上，很明显已经是三电系统定义了整车的结构设计了。而同样的，在动力电池开发时整车方面的很多考虑也会传导过来，要求电池的各种性能指标达到车端的要求，比如电芯向电池系统集成时结构设计方面的优化、对力学安全性能的满足，电池包与车身系统的电气、冷却等的连接，以及标定好电池系统的电、热学等性能以便让 BMS 带动电池与整车的能量系统进行互动等方面。在这一章，我们就基于车用动力电池开发的整体思路，向读者介绍如何将一节节的单体电芯集成为车用的动力电池系统，其中有哪些重点需要关注。

▌▶ 4.1　传统油改电：为什么这么费劲却又常常不得不从这里开始

我们先给出一些比较早期的纯电动汽车电池包的外形示例，如图 4.1 所示，它们几乎都产自传统汽车企业。不难看出，这些电池包的造型与现在市面上常见的电池包都不太一样：现在的动力电池包的外包络常常体现为比较规则的长方体外形，尤其是除去电子电气件集成盒（EE-box）之后，而这些比较早的电池包很多则呈现出类似于土字形的不规则外观，这是为什么呢？

 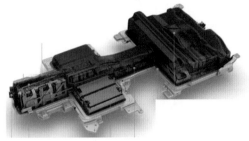

（a）尼桑公司的 Leaf 车型电池包　　　　　（b）大众公司的 e-golf 车型电池包

图 4.1　两款老式纯电动汽车的电池包（图片摘自 Cleantechnica 和 Autolexicon 网站）

　　简单说是因为"油改电"，即把燃油车平台的设计尽量少改动而直接用于纯电动车型使用。

　　这些比较早的纯电动汽车大多是这些传统汽车企业，在已有的燃油车平台基础上对整车做尽量少的调整改动，按照已有方便为电池调拨出来的空间开发出来的。这其实也成为判断一辆车是否是油改电的特别简单直接的依据：如果一个动力电池包的形状不是特别规整的长方体，而是这里突出一块那里少一块，除了一些的确有特殊功能考虑的小众场合以外（比如跑车要求低底盘还要为放脚留空间这种情景需求），大多情况下都可以推断这个车型平台是油改电造出来的，并非专门为了电动汽车开发的整车平台。

　　总体来说，这种外形包络特别不规整的电池包设计起来会比较麻烦，电、热、力学性能的优化要考虑的因素非常多，完全不是为了电池系统设计达到性能和集成度最高来考虑的，做出来的电动汽车（及相应的电池）产品性能一般不会很强。从实际情况来看，这类产品目前在市场上的竞争力的确也不是太好，尤其在前几年受到了一些市场的诟病。随着技术和市场的不断发展，现在即使是传统的汽车企业也都在致力于推出专门用于纯电动汽车（不兼容燃油车）的系统架构了，因此传统的这种"油改电"车型目前正在逐渐淡出市场。

　　所以在这里，有些了解行业的朋友会表示："油改电我们知道啊，这不就是传统车企不努力开发电动汽车，拿着过时的平台糊弄消费者吗？"这个说法，应该说有一定道理，但是并不完全准确。任何事情的产生都有它更深的技术与经济方面的原因，拿一句"故意糊弄消费者"来概括是一个极端化的理解。笔者要表达一个观点：传统车企这么做也有它的苦衷，很多事情表面看起来有些不好理解，其实细看背后的深层次原因都是不得已。

要知道，一辆汽车有许多的零部件，整车开发周期很长（常有 4 ～ 5 年），即使是一个单独的零件，一般也需要经历设计验证（DV）和过程验证（PV）等诸多复杂过程，开发周期也常有 3 ～ 4 年，最后还要把各零件集成到系统最终在整车级再做一系列相应的验证工作，可以说每一个环节都费时费力。汽车是一个复杂体系，是由多零件协作构成的统一整体，开发起来很费工夫，有严格的流程制度，绝对不能按照想调整什么就做什么这样简单的思路来看待。

所以在汽车企业中，经过开发已经积累得到的资源和软、硬各方面形成的各种制度、资源、经验等（我更愿意把这些统一化，叫作"体系"）不可避免会受到各种既有存在的很大影响。如果出现了新生事物想用在汽车上，汽车企业中的各位肯定本能地希望：这新的东西如果可以迁就已有的车身设计、接口等，很多东西就可以直接共用，这样开发起来多省事啊。这样的确会省一部分事，比如像前面的"土字形"电池倒也算是有其合理化的理由（这就是跟着燃油车底盘传动系统的空间对应设计出的形状），但是跟着这个思路走下去也会有些更为极端的情景，甚至产生荒谬的效果：比如有的油改电车型连加油口都还留着，但是该车的充电口设计在了别处，所以加油口打开之后里面什么功能也没有。以上分析其实反映出一点：传统车企是一个复杂体系的大组织，有着很多既有的流程和惯性，而大组织的变化常常是比较辛苦的。对于老牌汽车企业的电动化转型，造电动汽车这一任务也一样充满了挑战。

这时很多人就会进一步给出观点：腐朽、顽固的老车企，一点创新精神都没有，被自己已有的所谓经验和平台给捆绑住了，难怪做出来的东西打动不了市场，难怪要被造车新势力杀得狼狈不堪。个人认为这个观点同样也对也不对：有时选择"油改电"只是一笔单纯的经济账。

笔者试图站在传统汽车企业的立场上替他们发声：既然老的油电平台能共用，虽然电池设计方面给它增加了难度，但是其他方面的开发省事，这能省掉多少钱和人力的投入呢？况且大量的老工程师都是传统内燃机背景出身，他们并没有太多的新能源车的开发经验，把已有的体系一次全推倒对于团队的挑战太大了。在一个新行业发展初期，技术发展不明朗的时候，当然可以甚至是必须选择先这样做，跟着、走着、看着先积累一下经验再说，然后再决定下一步该怎么走。

所以，先用"油改电"试水，然后再决定以多大力度投入纯电动汽车的开发，这其实也是传统车企在电动化初期为减少投入、更经济性考虑后的理性选择。

当然，这种油改电平台的问题肯定不只体现在电池包不规则外形带来的电池难设计、性能不佳这一点上，油改电车型在其他方面也有很多问题，包括整车的电气控制系统老旧、人机交互理念落后等，这不只在汽车行业中与新开发的性能先进的纯电动汽车对比明显，甚至与目前社会上其他领域的快速发展和更新都产生了鲜明对比，所以受到的关注以至于批评都很多。近年来大家普遍性地对汽车的发展提出了更高的期待和要求，电动化（Electrification）、自动驾驶（Autonomous Driving）、智能化（Smart）、网联化（Connected）——常称为汽车发展的四化趋势，这也与人类社会各领域的发展趋势基本保持了同步。对于这四点，其实目前不管是老牌车企还是造车新势力，基本已经达成了一致的意见，就是：对于内容和方向都没有异议肯定是要做的，只是在怎么执行上大家具体的想法、做法有所不同。

如上所述，老牌传统车企在转型和执行过程中要更"稳"一些，而"稳"更多是因为它有苦衷，毕竟太激进的改动对于企业冲击太大：一下子开发一堆新产品时，经济因素要考虑，旧有车型平台如何先共用然后如何逐渐淡出，在这个过程中人员培训转型如何顾及，开发流程要优化向更高效敏捷迈进……这些因素说起来都很容易，但是把谁放在这个大组织中去具体协调推动这一系列转型的工作都够让人头大的。所以其实老牌车企不是不积极（像德系 BBA 电动化的战略方向都很清晰），而是有他们的苦衷。所以其实也不能说老牌车企不努力，而是说造车新势力更"卷"，更"轻装上阵"可能更准确一些。

"卷"是因为大家可能都看到过那个新势力一览表，那么多曾经有的企业，目前还剩几家呢？不都得激烈拼杀，早日造出量产车进入市场得到消费者初步认可才能过第一关，这期间需要大量的投入和时间。然后量产了还没完，你得推新品，你得保证品控，你得哪一天实现正的毛利率……这些目标，目前有几家新势力能全达到呢？而且新势力毕竟相比于百年老店们，体系、技术等诸多方面的积累还不那么扎实，也不像老司机们一样打得起持久消耗战——投资人还着急等着你的商业模式跑通赚钱呢，你得证明你不仅能行而且得很快能行，而不是可能哪天就要关门。所以说，造车不容易、竞争很残酷，新势力不"卷"是不行的。

但是与"老司机们"相比，新势力也有一些竞争上的先天优势，即可以轻装上阵。前面说了很多传统车企的苦衷，很多道理人家不是不懂，只是既有的体系和情况太复杂，无法那么简单粗暴地直接激进地做最新的纯电平台。而对于新势力来说，这就容易多了——传统车企一开始常常是电池迁就已有造车体系和平台，在这里就反过来了：反正也是新平台从白纸开始，那就全部以三电系统为基础，围绕刚才讨论的"四化"理念来设计平台、设计车型。加上新势力车企吸收了很多其他行业来的人，这也为汽车行业传统的比较死板的开发流程带来了一些新思维火花的碰撞，客观上也促进了死板老化的传统汽车开发流程的创新迭代，在一定程度上提高了开发效率，这也为汽车行业的发展注入了新思维、新活力。所以考虑到新势力们可以直接上纯电平台、围绕三电等的高效化来设计出性能指标等不错的产品，这一代产品相比于"油改电"车型常常具有一定的代差优势，因此在市场竞争中的第一局能够占据上风并（阶段性地）击败很多老牌汽车企业，也就不奇怪了。

这里要注意的是，大象转身虽然慢但是早晚也会转过来，目前所有传统车企的第一代纯电平台（同样围绕三电正向开发，非油改电）基本已经上市了，以后的电动汽车市场竞争肯定会日趋激烈，而且传统车企们目前普遍危机感很重，很多也都有强烈的改革意愿，再加上他们血槽厚、经验足，所以在后面的持久战中谁能存活、谁会被淘汰还是未知数。

小结一下：在这一章一开始我们似乎聊的内容距离技术话题有点远，但初衷是要对比"油改电"电池包与以三电为中心的新理念开发的电池包，分析其技术上的优劣势和这种现象产生的深层次逻辑，在这里我们也进一步做了扩展分析讨论，甚至谈到了大组织的转型问题。笔者希望可以与读者分享汽车行业在过去十几年中整体转型发展的大背景，探讨像汽车企业这样的大组织在电动化转型之初一般是怎么做的，研究做出的很多决策背后的深层次原因是什么，希望能让读者对工业界有一个更好的认识。

4.2 纯电平台车型电池系统：更专业的平台化、模块化设计思路

介绍完汽车行业相对宏观的内容后，咱们在这里就回归技术话题，看看专门围绕三电系统开发的电动汽车纯电平台，及其形状一般比较规整的电池包（系统）——这些电池系统常常采用"堆积木"式的模块化设计。这样的设计思路相比于油改电得到的动力电池包，优点主要在哪里呢？

其实不管是新势力的轻装上阵还是老司机们的大象转身，最后做出来的基于纯电平台的电池包总体设计理念没有太大的本质区别，主要体现在：

（1）尽量集约高效化设计：比如把电气电子件减小体积，尽量在一个区域中高效堆叠（即 EE one-box 设计思路），让电芯/模组单元尽量减小体积等，为寸土寸金的电池包节省空间；

（2）壳体外包络一定要形状规整：这样电池包各处的力学、热学等环境相对

更为统一和简单，而且制备起来也更为容易；

（3）电芯 / 模组标准单元化：电池包有了比较规整的外形轮廓（比如接近长方体），里面的电芯 / 模组的组成及系统的力学设计等也要尽量地对称 / 一致 / 标准化——这对于降低变量数（要开发两种模组就要给它们分别做验证，肯定不如开发一个通用的单元省事）非常有意义；

（4）堆积木式的模块化和平台化设计：即引入标准化的模组 / 部件，甚至不同的车型平台之间都可以互通分享部件和设计，这样可以实现平台化设计，摊薄开发成本。

具体实例就是大众汽车集团的 MEB 模块化平台。在柴油"排放门"之后，大众集团可以说体现出了破釜沉舟的转型决心，在德国几家汽车企业中的电动化步伐走得最为激进。不仅如此，相比于其他几家德国企业开发的电池 / 车型，大众车型的走量需求最为突出，因此在电动汽车共用零件摊薄成本方面的战略执行也最明确，这符合大众集团的风格，这一思路也非常值得其他企业借鉴。

大众的 MEB（英文：Modular Electric Toolkit，德文：Modularer E-Antriebs Baukasten）平台的电池系统如图 4.2 所示，该图给出了 7/9/12 模组的不同电量的电池包。如果猛一看会发现这几个电池包长得很像，有点像我们理解的套娃概念，主要区别似乎就是一个比另一个大一号而已。

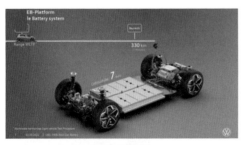

（a）7 模组

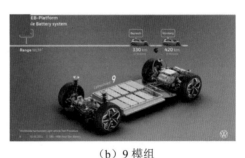

（b）9 模组

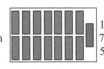

（c）12 模组

7模组
45kW·h
330km

12模组
77kW·h
550km

9模组
58kW·h
420km

电池模组

BMS

（d）不同配置系统的结构简化示意图

图 4.2　大众的 MEB 平台的电池系统介绍图

其实通俗理解大概就是这个意思：模组平台化共用零件的思路，基本思想就是家族化"套娃"，不同电池系统使用的电池模组具有基本相同的外观——结构设计，这些不同电池系统在运行时也会有比较相似的机械/电气/温度等环境，而相应的对于适配模组的需求也会基本趋同，不同的电池包可以使用相似/相同的模组。一个大众 MEB 标准模组的能量大概是 6.4 度（kW·h），这样 7 /9 /12 模组的电池包分别对应了系统等级的能量大约是 45/58/77 度（kW·h），以及 300/400/500km 的续航里程，因此也可以满足不同尺寸等级/不同价位车型的需求。

当然，作为早期推出的标准化平台，大众 MEB 平台还有很多需要优化的空间，比如模组大小、电芯的尺寸等（现在都在向更大型/无模组化发展）。因此，大众也正在开发新一代的 PPE 平台，并对已有系统不断做微调改进。所以技术革新是永无止境的，对于一个组织来说最大的危险就是丧失前进创新的意识，对于电动汽车这样一个发展变化非常快的行业来说尤为如此。

▐⊪ 4.3 典型方形/软包/圆柱电芯的模组方案：先看看怎么做成模组

4.3.1 方形电芯模组：经典直接最不复杂

我们先看一下基于方形电芯做出电池模组的方案——这也是目前市占率最大、最为经典的模组方案。

图 4.3 给出了该电池模组的内部结构与组件一览。从这里可以看出：

（1）每一节电芯几乎都紧密地堆叠在一起，占据了模组中的大部分空间。

（2）模组的两端有端板，两侧有侧板，顶部有顶板，都是为了给模组提供一个基本的机械包络保护，应对一些机械上的冲击滥用等测试/风险，保证基本的结构稳定性。

（3）模组内有母排/汇流排（Busbar）用于对不同电芯进行电气连接，实现 X 并 X 串的串并联设置，并最终导出到模组对外连接的端子处，与系统的汇流排做最后的电气连接。

（4）需要电压/电流/温度等传感器（Sensor），用于采集模组工作情况的信号并传递到电池管理系统 BMS 中去，让电池系统的"大脑"可以明确地知道这个模组的目前情况。

（5）其他方面：不同企业的模组设计集成理念也会有一些不同，比如集成水冷板方法（可以在模组内／外），比如在电芯之间施加更多的胶／泡棉以保证对抗机械膨胀／发生热失控时提供隔热防护的方案等。具体来说，各家企业的模组方案还可能有很多其他的细节变化和创新，因为篇幅所限在这里就不一一介绍了。

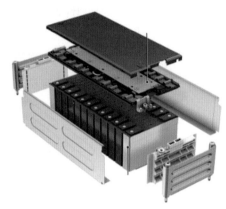

图 4.3　基于方形电芯的模组结构示意图（图片来自奥迪公司）

4.3.2 软包电芯模组：结构烦琐

很多企业的电池系统设计已经做了通用／平台化的考虑，而这种平台化的理念常常需要共用零件，尤其是共用模组。只要这个电池系统还有模组设计，汽车企业购买模组再集成成系统，这样的策略总体来说还是比较省事的，可以让电池和汽车企业各自更好地发挥长处（一般看来，电池企业更擅长化学相关，而汽车企业在机械和电气方面更强），因此在很多动力电池的项目中车企比较喜欢采购模组。当然，也有基于各种情况而最后采购电芯（更多的是基于 CTP 理念）以及整个电池包的情况，这同样要具体问题具体分析：车企的一个电池项目采购什么，背后一般都有其明确的理由和考虑。

考虑到项目采购的经常都是模组，主机厂在下发规格书（技术要求）的时候，一般就规定好模组的尺寸和性能要求即可：定好边界，模组里面由各位供应商各显神通来设计，只要对外整体符合规定就算合格通过（PASS）。比如大众的 MEB 模组就是这样：模组里面装方形和装软包电芯的都有，但是最后都能装到一样的电池系统中去。此外这样设计对于整车厂也比较省事方便，比如之后项目有升级换代的需求了，可以在竞争者池子中直接优中选优，反正边界条件（模组尺寸，性能指标）都给大家定好了，模组里面装什么内容怎么排布，方形和软包电芯都可以来自由竞争，在一定程度上都是可以互相替换的，最后谁组成的模组方案更优秀，谁就可以胜出。

所以在这里看软包电芯的模组方案，可以拿一个尺寸与方形模组一样的进行对比，看看其内部结构会有多大的差别。

由图4.4可以得知，软包电芯在模组中同样占据了大部分的体积空间，同样也是电芯紧密地堆叠在一起，在上侧/两侧/两端都有相应的顶/侧/端板用于提供保护和结构支撑，也需要汇流排（Busbar）收集电流（因为软包电芯两侧出极耳的设计与方形电芯一般单侧出不同，这里汇流排的设计与方形电芯的也会有所不同，但基础原理完全一样），也有相应的传感器收集信息向BMS做通信。

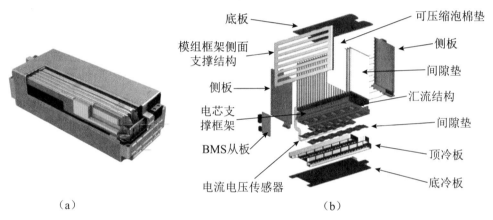

（a）   （b）

图4.4　基于软包电芯的模组结构示意图（a）和爆炸图（b）

图片来自：Battery pack remanufacturing process up to cell level with sorting and repurposing of battery cells, Journal of Remanufacturing, 2021

软包电芯模组的结构设计与方形电芯模组的区别主要在于：（1）电芯层面的保护和辅助措施，这里需要在电芯周围、模组一侧为电芯提供支撑框架（卡箍），为电芯提供一定的机械力束缚环境；（2）考虑到软包电芯更为软性（"娇气"）的外壳，以及在充放电时体积膨胀相比于方形电芯更明显，在该类模组中的电芯之间常常需要设置更多的缓冲泡棉、气凝胶等结构；（3）在冷却方面，传统方形电芯底部冷却较为高效，而软包电芯就完全不能使用这种简单的结构设计，还需要增加导热胶/翅片等额外的结构以实现更好的热管理效果。

可见，软包电芯本身从封装方式来说相对更为"娇气"，搬运使用时本来就要格外小心，成模组时又需要比方形电芯更麻烦的各种额外保护结构，这些在成组复杂性、成本、系统能量密度等方面都对之前软包电芯在单体层面达成的一些所谓优势（主要在能量密度方面）做了削弱，所以成模组乃至最后成系统后，（具有相似化学体系的）软包电芯一般在综合性能方面相比于方形电芯模组 / 系统并无明显优势。

(4.3.3) 圆柱电芯模组 / 系统：跟方形、软包电芯大不相同

方形和软包电芯组成的模组在很多情况下在外观上基本相同，一定程度上可以相互替换。这里再介绍一下圆柱电芯组成的模组，要注意这里说的主要还是传统 18650/21700 电芯的传统大模组，而目前基于 46800 的新型圆柱电芯在做的无模组——直接集成到电池系统的 CTP（Cell to Pack）方案，就归类于高集成度方案了，这个内容会在 4.4.1 节中做具体的介绍。

总体来说，圆柱电芯的模组 / 系统集成的设计理念就与前面两个大不一样了。圆柱电芯从一开始用于电动汽车，主要是特斯拉及其他一些国产品牌在推（比如江淮），它们走的路线与大众等企业基于方形 / 软包电芯做出的小尺寸模组的思路不同（如果我们把 355/390/590 这种尺寸相对小的模组定义为小模组的话），即直接从一开始就做成了类似于偏高集成度的大模组式结构。

说到（传统）圆柱电芯集成的模组，自然首先要说的是特斯拉。实际上特斯拉在基于 46800 电芯的新型高集成度模组 / 系统设计概念推出之前，围绕 18650 和 21700 电芯已经在第一代 Model S、Model 3 和 Model S Plaid 等诸多车型上做了多轮模组概念的迭代，但是总体来说设计理念一脉相承：都是一个电池系统大概有 4 ~ 6 个大模组（一个模组的电芯数就有几百节甚至更多），这些模组可能彼此相同也可能有所区别，但是集成思路都是相似的。以图 4.5 中的 Model S 车型的系统 / 模组为例：电气连接通过铝丝焊来完成（设计和生产工艺上的确有点麻烦，电芯本来就数目多，还要一个一个焊上去），冷却管用弯曲蛇形管穿过电芯侧面，保证每一节电芯都可以接触换热，还会使用一些黏结胶等起到固定的作用（在后面大模组 / 无模组的新集成方案中胶的用量还会更多），以及相应的电路板元件用于收集信号向 BMS 传输等。在圆柱的传统大模组里，倒是不常出现端板和侧板这些在模组边缘的机械保护结构：首先车厂买的就是电芯，此时模组就是一个虚化的概念了，只要在系统层级能做好各方面的防护、整包能过测试就行，系统整体安全就是安全，使用起来就没有问题。实际上，这样的思路后来可能也逐渐启发了各家汽车企业，为进一步提高系统集成度向 CTP 概念前进指明了方向，这些内容会在 4.4.1 节中做进一步的介绍。

图 4.5 特斯拉 Model S 基于 18650 的电池模组 / 系统结构设计（图片摘自 electricgt）

▐▐▌▎ 4.4 更高性能要求背景下，电芯与电池结构的发展方向

介绍了基于传统的方形 / 软包 / 圆柱电芯进行的经典模组设计的集成方案，下面就重点结合过去两年以来行业中诸多明显的发展变化，来洞悉在结构创新（电芯、模组、电池系统）及在安全性、快充等方面性能要求日趋严格的今天，动力电池行业围绕电芯和电池结构方面的技术是如何演化发展的。

4.4.1 电芯尺寸和结构设计优化

1. 合适的容量

在电动汽车行业发展的初期，目前常见的方形和软包电芯还没有被发展出来，当时市场上几乎只有 18650 电芯（松下生产），所以特斯拉的最早期车型甚至使用的是当时一般用于消费电子的昂贵的 18650 钴酸锂电芯，这样的电动汽车成本上很高。不过后来三元材料技术不断发展，在非消费电子领域开始取代钴酸锂，使得圆柱电芯成本更为经济，而且在早期各家企业的概念车辆验证成功后，汽车企业与电池企业通力合作开始开发新的其他的化学体系（比如各种三元材料和磷酸铁锂材料）及新的封装技术（方形和软包电芯），再然后才发展出了尺寸和容量更适合动力电池的电芯技术体系。

如前所述，电芯单体容量如果像传统圆柱电芯一样只有几个安时（A·h），那集成出一个典型的 70kW·h 的电池包就需要几千节电芯，成组效率实在是不太理想，最后得到的系统能量密度比起单体电芯打折严重。而把电芯单体容量做大以后（尤其是方形电芯），这个问题就得到了缓解：因为一般来说，不管是电芯的壳体、模组的结构件（端侧板）还是系统集成时需要的各种支持部件（横梁等），都对系统的能量密度没有贡献。总体来说，使用更大的电芯，可以让系统集成更为简单，系统能量密度这个性能指标一般会更好。

但是并非电芯单体容量越高就越好，过大的电芯尺寸／容量同样会带来如下问题：

（1）制造时引入杂质的可能性就越大（材料的绝对使用量大，电芯的体积也大，所以引入的风险也会增加），带来的生产上的极限要求就更高，制造起来的困难也会更大；

（2）更大的电芯发生热失控时释放的能量也越大，也就越难抑制，在安全上的风险会更大一些；

（3）越大的电芯，在各处保证应力、温度等均匀性的困难也越大，对于保证电池系统、电芯内各方位性能均匀一致不利。尤其是在快充性能要求更高的场景下，电芯容量也不能做的太大，尤其厚度不能设计的太厚（热管理太困难）。

所以选择合适的电芯尺寸，也是一个平衡考虑了诸多因素后的结果。

2. 高度方向 Z 轴优化：极致就是侧面出极柱

一般来说，电动汽车的电池包的 Z 轴方向高度为 120mm 左右，再低则能容纳的能量常常不够，再高了则会相应地抬高整车的高度，这会影响外观，不符合目前乘用车低矮流线运动型的发展趋势。而除去外包络的尺寸之后，电池包内还能为电芯留下的空间就常常只剩下 105 ～ 110mm 了，所以我们能看到的乘用车电芯的高度（除去电芯横放这一新的形式），基本也就是 100 ～ 105mm。

传统的方形电芯常常是竖直摆放，正负极的极柱都在 Z 轴最高处引出，如图 4.6 所示，这也是最为经典的电池系统配置方案。从该图中不难看出一个问题，就是在 Z 轴方向为了电芯极柱等结构体需要预留一些空间，造成很多空间上的浪费，而 Z 轴本来就是电池包中各方向里尺寸最小的，所以折算成空间损失百分比就更为明显。

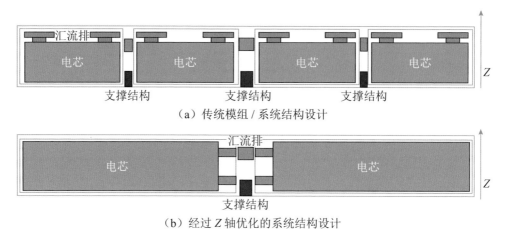

（a）传统模组 / 系统结构设计

（b）经过 Z 轴优化的系统结构设计

图 4.6　Z 向优化对于单体电芯结构设计和系统空间利用率提高的意义示意图

要解决这个问题，保守的思路就是在 Z 轴高度方向对电芯顶盖 / 极柱的结构尽量精简以压榨出更多的空间，比如瑞浦能源的问顶电芯。而更为创新的设计思路就是干脆把宝贵的 Z 轴高度方向尽量全用于电芯的活性物质填充，把要导出正负极的极柱位置放在侧面（可以是一侧，也可以是两侧）：毕竟电池包在平面上 X、Y 向的空间都比 Z 向要富余的多了（同样是留出 10mm 的空间用于极柱等结构，在 X、Y 轴上开辟空间比起 Z 轴对于箱体内有效空间利用的影响要小得多），比亚迪刀片电池目前就是这样的一个设计思路。

3. 电芯短 / 长刀化为系统提供力学性能支持

虽然单体电芯容量太大和太小都有问题，在 $100 \sim 200A \cdot h$ 范围比较合适，但是其形状还是可以去思考变化的。比亚迪在 2020 年推出的刀片电池就是一个重要例子：在这里电芯长度极大延长可以达到近 1m，其电芯本身壳体带来的刚度就可以一定程度上代替一部分电池包中原本需要的结构横梁，这样可以使系统整体设计进一步地精简和轻量化，提高系统集成效率（图 4.7）。

刀片电芯也有其本身的一些挑战：1 m 长的尺寸在业内用非常长来形容一点也不过分，相应地要求极片制备的一致性更高、电芯注液和静置均匀化需要的时间也更长，而且内阻也会偏大一些（毕竟传质距离更长）。但是总体来说，经过这几年在市场上的拼杀，刀片电芯基本已经立住了脚，而且各家企业也开始参考和学习这个思路，做出了类似于（长）刀片的变种电芯——L600 短刀（长度600mm）系列等。很多企业开发出这种长度明显短于比亚迪刀片电池的短刀体

图 4.7　比亚迪刀片电芯组成的电池系统（图片摘自 donews）

系，也是因为专利、系统电压等级优化等诸多方面的综合原因，基于该电芯制出的电池系统集成效率虽然没有刀片电池那么高，但是在系统集成效率方面，基于短刀电芯开发的系统相比于更早一代的电池系统设计还是展现出了很多优势，并且在制造、内阻、系统灵活度方面比长刀片技术路线更有优势，目前在市场上也得到了越来越多的关注和市场份额。

4. 电热分离

电芯设计时，正负极端子的导出在同侧、异侧的都有，此外还有一个重要的要考虑的位置，就是电芯的泄气 / 排气结构（Vent），即在电芯内部因为发热等原因有异常反应积聚了高温气体，在内部达到一定压力后可以主动打开、使电芯向外界环境释放气体 / 电芯中其他物质的装置，它可以让这些热、物质尽早排出，防止异常反应继续在电芯内部发展积累出更高的温度、压力，以降低电芯的危险性。

在最传统的电芯结构设计中，方形电芯的端子与排气是在一侧的，当发生热失控时，泄气排出的热流 / 物质距离电气连接（汇流排等）非常近，这容易导致高压电路附近的绝缘丧失，发生电弧（Arcing）等严重问题，此时可以采用的应对方案是：电气连接方面，对这些容易受到泄气影响的电气连接件进行更强化的绝缘保护处理；而在电芯单体层级方面，把电气连接端子（正负极）与排气的布置分开，比较常见的方案有：

（1）圆柱电芯，正负极同侧出，泄气在底部，见图 4.8（a）；

（2）方形电芯，正负极在同一侧面出极柱，泄气则置于电芯底部，见图 4.8（b），或另一侧，见图 4.8（c）。

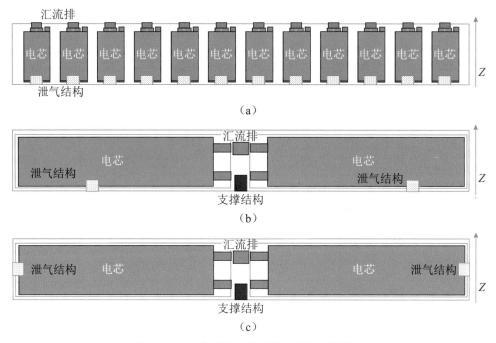

（a）

（b）

（c）

图 4.8　电热分离的一些典型的结构设计思路

热失控与热扩散可以说是目前电池系统安全的重点，这方面的内容我们也会在后面的篇幅中重点介绍。

4.4.2 高集成度的大模组及无模组的 CTP/CTC/CTB 方案：把电芯经过更少的集成中间环节整合到汽车里去

刚才介绍了电芯单体是如何优化的，我们在这里进一步介绍系统高集成度方案方面的一些发展趋势，总结为一句话：提高系统集成度，就是除了电芯以外让系统整体使用的元件和结构尽量地减少，以做出一个尽可能简洁的电池系统。

（1）首先介绍的就是大模组方案。传统上基于方形 / 软包电芯组成的 355/390/590 这种典型尺寸的模组是最为常见的，这类模组常常以 8 ～ 12 个集成成为电池系统。但是每一个模组都需要使用一些被动元件（即除了电芯以外不能直接贡献能量的部件，比如端板、侧板等），而且在系统层级对这些模组的支持固定也需要相应的结构设计（这些结构也无法直接提供能量密度）。因此，如果把模组做大，每一个模组里容纳的电芯变多，这样平均每一个电芯分摊到的被动元件（重量 / 体积）就少了，而且系统需要支持的模组数也会变少，这可以让结构设计更为精简，因此最终整个系统的集成效率也就提高了。

在具体实例上，宁德时代（CATL 公司）的 CTP1.0 就是这种典型大模组方案的体现（图 4.9），特斯拉 Model 3 的圆柱 / 方形电芯性能版车型同样也是一个很好的例子。Model 3 车型的电池系统里面有四个大的准模组（因为它没有端 / 侧板等，所以将其称为准"模组"），或者笔者在此干脆给它一个昵称，叫"四大条"。这四条的每一条就是一个"准"模组，而且在平台化的考虑之下，特斯拉做到了圆柱（电芯）版本，见图 4.10（a），及方形（电芯）版本，见图 4.10（b），使用的系统设计基本是一样的，即同样系统里面的总体结构是一样的，可以适配两种"准"模组，放上方形电芯（为磷酸铁锂材料体系）模组的就是铁锂版（标准续航），放上三元圆柱电芯的模组就是三元版（性能版）。使用不同的模组还能互相共用系统设计，降低开发成本，所以特斯拉的利润率高也就不奇怪了。而这样的大模组设计也为特斯拉带来了业内知名的系统集成效率：特斯拉的电池包 / 整车常常经过了非常深度的优化，能少的就不会多，这也是为什么特斯拉能先于其他企业做出前备箱（图 4.11）这种高效优化空间的设计，它的确在整车优化高效设计上有自己的独特性。

（2）电芯直接集成到系统的 CTP（Cell to Pack）技术。前面说的大模组技术，可以理解为以前电池系统里 10 个左右的模组现在给减到了 3 ～ 5 个，那进一步降低模组数到 1 个（系统里就一个模组，其实也就相当于是 0 个，即没有模组了），此时这 1 个模组不就相当于是电池包了吗？此时电芯就要直接集成到系统电池包（系统的外包络和保护也就对应到以前模组端 / 侧 / 顶板应该提供的功能）了，也就是目前非常火的 CTP 概念。

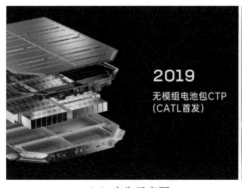

（a）广告示意图　　　　　　　　　（b）实物图

图 4.9　宁德时代（CATL）的 CTP1.0 大模组方案（图片摘自知化汽车）

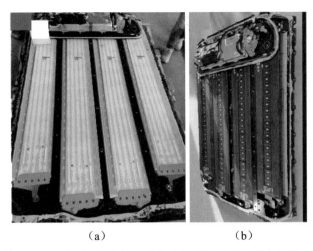

（a）　　　　　　　　　　（b）

图 4.10　特斯拉 Model 3 的三元圆柱电芯版（a）和磷酸铁锂方形电芯版（b）电池包对比

图 4.11　特斯拉车型的前备箱设计（图片摘自 FECHINA 网站）

　　CTP 概念不仅仅体现在电芯直接集成到系统无模组这一现象，其还常常意味着系统内其他元件和设计的尽量简洁化：比如 BYD 的刀片电池系统可以省掉系统中的一部分横纵梁（因为电芯本身就比较长且有刚度，也提供了一部分机械支撑的强度）；比如很多企业基于磷酸铁锂电芯更高的本征安全性在系统设计中做的一系列结构合并优化（目前磷酸铁锂电池的大发展很大程度上也得益于其系统集成可以相对简单高效，因此最后的系统能量密度与三元电池系统的差距没有想象那么大，最高的已经可以达到 150W·h/kg）；再比如目前各家都在主攻的基于 46800 大圆柱做的 CTP 方案，系统里连准模组的影都没有了——系统内部基本就由是电芯＋胶＋汇流排＋热管理组成，没有一个典型的分区，就是一个系统一个整体。此外，大家还在电子电气件（EE）上下功夫，尽量集成在一起提高集成度的 EE-One-Box 策略（像特斯拉 Model 3 车型），以上诸多尝试都是在电池系统的各个维度提高集成度，努力达成 CTP 的具体体现（图 4.12）。

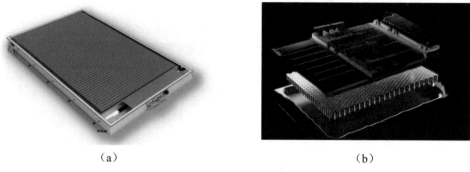

（a） （b）

图 4.12 基于比亚迪刀片电芯（a）和特斯拉 46800 电芯（b）的 CTP 电池包结构图

CTP 必然带来体积 / 质量方面系统集成效率的明显提高，已经可以达到 60% ～ 70%（对于磷酸铁锂电芯来说一般效率会偏高一点），再加上在这几年中三元（方形电芯可高于 250W·h/kg）和磷酸铁锂（方形电芯可高于 180W·h/kg）电芯的能量密度本来就进步迅速，使得相应的电池系统能量密度进步神速：三元高的可以做到高于 200W·h/kg，而磷酸铁锂也已经可以达到 140 ～ 150W·h/kg（几年前只有三元才能达到的系统能量密度水平）了。

因此，努力提高系统集成度可以说是目前所有主流车企都在做的事情，如果做得激进一点（目前几乎所有车企至少都已经在尝试了），就直接 CTP 去掉模组；保守一点，起码也得给新产品做大模组的设计。CTP 带来的更高的系统集成效率更有利于推出性能指标更为优秀的产品，这也会反过来刺激后进的企业争相加入技术开发的竞赛中，加紧开发推出更好的产品。

（3）CTC & CTB，即电芯集成到底盘及车身的概念（Cell to Chassis, Cell to Body）。总体来说这两个可以理解为一回事，只是名字不同而已：传统的电动汽车开发时，电池包都是一个独立于车身 / 底盘的部件，电池包与底盘分别开发，各自满足相应的开发要求，最后再整合在一起。但遇见的情况常常是：电池包本身具有一定的强度，车身底盘也有，它们相当于提供了一个双倍的安全冗余，如果把它们整合成一体，在整车级（对电池包的）机械结构支撑上省去一些重复的要求和功能，让整车与电池包可以共用一些机械结构，不就可以进一步简化电池包乃至整车结构设计、为整车减重了吗？

　　基于这样的考虑，已经有第一代的产品出炉：比如比亚迪的海豹车型就使用了 CTB 的概念（图 4.13），电池包的下部同时也充当了汽车的底盘，开发白车身时把这块空间给电池专门空出来了，而普通电动车的电池包都是整体放置在底盘上的，不会直接面对地面。可以看出，这样的集成更为高效，把电池作为汽车的整体一部分来协同开发的色彩也更浓了。当然，此时对电池底部安全防护的要求也更为严格，需要做相对应的优化，而且目前国标电池安全对底部碰撞要求的重视基本已经是公认的下一步的发展方向了。总体来说，CTC/CTB 也是提高系统集成度的很重要的优化发展方向，它让我们对整车开发的协作、概念设计有了全新的思考，当然对整车 / 白车身开发要做的工作 / 要求会相对更多一些，势必也要求这些部门与电池部门开展更为密切的合作，以共同协力开发出更为创新、更有竞争力的产品。

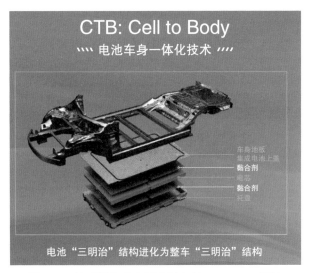

图 4.13　比亚迪海豹车型电池包的 CTC/CTB 设计

　　当然，可以采用的方案不只是以上一种，还可以直接取消电池包，在底盘上直接开辟区域来放置电池取消独立包络结构，这也可以起到类似的合并精简机构的效果，也就是目前很多企业推出的滑板底盘（Skateboard Battery）概念（图 4.14），同样也是值得尝试的创新方向。在这里可能还有一些其他要注意的点：比如在国内法规方面总是会要求把电池包单独拿出来做测试，而在这里电池包已经整体与车身融合了，这样怎么做测试呢？个人认为这方面不用太过担心：法规方面的要求不会一成不变，中国整个行业在推动技术发展方面可以说是非常积极的，应该已经注意到了新的系统集成技术趋势 CTB、CTC 等的发展，相信在未来如果技术真的能够成熟，法规应该也会及时调整，不会成为阻碍创新落地的核心因素。

图 4.14　直接在底盘上集成电池的滑板底盘结构设计（图片摘自 Sohu 网）

4.4.3　追求更优的性能、安全与性价比

电芯结构的优化、电池系统集成概念的演进其实还都是手段，其核心目的是追求电池系统及整车在性能、安全与性价比上的提升，这些是真正能够落实到产品力、被用户所感知的。顾客可能对这个电池包能量密度是 120W·h/kg 还是 160W·h/kg 没有直接概念，也无法直接研究车内电池是不是用的 CTP 集成方法，但这辆车续航是 600km 还是 1000km 一定会在意也容易感知，对这辆车（的电池）是否可以保证通过比别家更严苛的测试也会十分关心，而优化的电池系统集成技术最后也有希望带来整车成本的下降，让顾客可以买到更实惠的车。

在性能上，轻量化、提高系统集成度的核心都是：保证电池包更轻更紧凑，可以装下更多的能量，保证更长的续航，或者至少让整车更轻更高效。在过去几年中随着电池技术的发展，电池系统的能量密度有了明显的提升，整车续航也不断提高，1000km 续航这样的产品也已经问世，但是对于很多纯电动车来说，常常 NEDC/CLTC 这种偏理想工况下也只有 300 ～ 500km 的续航，更不用说冬天打好几折的情况了（冬天"腿短趴窝"也是大家诟病电动汽车的一个重要的点）。所以，继续开发更高能量密度的电芯技术、更高集成效率的系统技术而且还要保证安全性，这些都是永恒的话题。

安全也是我们永远不能忽视的话题。在 2021 年 1 月 1 日，国标 GB 38031 正式开始生效（图 4.15），要注意，这里是 GB（强制），不是 GBT（推荐），可见国家加强对电动汽车安全标准要求的坚定决心。GB 38031 中对电池安全的要求涉及了方方面面，比如过放电、过充电、外部短路、加热、温度循环等测试。此外关于热扩散−热蔓延的要求（要求电池包或系统在由于单个电池热失控引起热扩散，进而导致乘员舱发生危险之前 5min，应提供一个热事件报警信号，且在这 5min 内的热扩散不应该导致车辆乘员危险）更是成为所有车企共同遇到的核心技术挑战——各家企业都开始围绕电芯单体安全性能提升，以及系统上的多重保障（主动冷却、定向泄气、高性能隔热材料等）去构建新一代高安全电池系统，很多厂家更是喊出了 NTP（No Thermal Propagation，无热扩散）这样激进的高安全标准要求，推出了很多安全性能方面明显优化的产品。安全是一个产品的核心性能，它与其他很多性能互相协调时常常会产生我们不希望却又不得不面对的"跷跷板"效应（即这一个性能好了其他性能就差了，反之亦然，想兼顾好并不容易），因此需要我们格外重视，投入更多的研发精力。

GB 38031—2020

附　录　C
（规范性附录）
热扩散乘员保护分析与验证报告

C.1　目的

　　电池包或系统在由于单个电池热失控引起热扩散，进而导致乘员舱发生危险之前 5 min，应提供一个热事件报警信号（服务于整车热事件报警，提醒乘员疏散）。如果热扩散不会产生导致车辆乘员危险的情况，则认为该要求得到满足。

C.2　制造商定义的热事件报警信号说明

C.2.1　触发警告的热事件参数（例如温度、温升速率、SOC、电压下降、电流等）和相关阈值水平（通常明显区别于制造商规定的工作状态）。
C.2.2　警告信号说明：描述传感器以及在发生热事件时电池包或系统控制说明。

图 4.15　国标 GB 38031 中对热扩散要求的描述

目前行业还在重点关注的一个发展方向——快充，同样需要很多技术共同支持：比如可以通过更大电流的汇流排、这些电芯相应的要求更高的冷却−均温热管理系统，而如果快充需要 800V 技术来支持，那还需要可以耐受更高电压的各种功率半导体电气电子件/模块，电池包内各高压元件处需要进行相比于 400V 要求更严格的绝缘处理，以上这些都是从系统—元件设计上要考虑好的因素。

当然，以上这些工作都要在追求最优经济性和性价比的边界约束条件下完成，否则汽车这样的民用市场产品就无法打开销路，占领市场，在竞争中取胜。

所以如何有效地控制成本又不在技术指标和产品性能上过多妥协以取得最终的产品综合竞争力，在业内可是一门学问，尤其是在汽车行业竞争日趋白热化的 2024 年，我们更需要重视这一点。

小结：以上我们主要基于系统集成视角、结构设计方面给出一些 CTP/CTB/CTC 的总体介绍，而且把电池系统的性能维度的核心几点：能量密度、安全、快充、成本都快速地介绍了一下，讨论了提高系统集成效率时如何兼顾统筹这几个核心性能方面。考虑到快充、能量密度、安全等性能都是非常重要的话题，我们会在第 6 章里更为详细地分析这些领域中存在的问题，以及如何应对。

4.4.4 续航补能焦虑背景下，行业重点关注的两个方向：换电 VS 快充

如前所述，对电动汽车里程的焦虑问题一直或多或少地存在，而换电和快充这两条补能路线的较量也一直是大家关注的焦点。在这里我们也对这两条技术路线在不同方面的优劣进行一下对比分析。

1. 投资：快充胜

在这方面换电可以说成本非常高，主要原因在于我们需要把换电站像加油站一样以一定密度来铺设，数量不能太少，要不然大家看到家附近没有换电站，就会觉得这换电服务买得不值。换电模式不仅需要的站点的绝对数量要多，单个换电站的投资也不低，因为需要在每个站中布局自动换电设备，需要根据一般的换电需求预测预留好足够富余的电池用于应对随时可能到来的换电需求，而换下来的电池也需要花时间充电，这更是对电池存量提出了较高的要求。此外，城市里的换电站常常要坐落在方便的地方，占地寸土寸金又进一步抬高了换电服务的成本。所以，（针对乘用车）换电这个商业模式的确可以给用户带来方便，但是从运营成本上讲却是一本不太容易算清楚的账，比如蔚来，业内目前都在传蔚来的换电模式不赚钱甚至注定不会赚钱。当然，如果换一个思路，把它带来的服务定位为广告宣传倒也不失为另一个选择，而且能有一家乘用车企业把这条路走出来还是不容易的，就冲创新这一条也值得为蔚来点赞，但是以上所述的挑战无论如何也需要我们多加注意。

快充的路线当然也有投资，大功率充电桩自然成本比普通桩要贵，而且对电网的扩容压力也大，目前很多人也在说要发展该技术可能需要周边大量配备的电力方面的灵活资源（比如储能当大充电宝）来缓解对电网的冲击。但是总体来说，这比起建换电站要简单和直接得多，而且快充站的利用率可以更高（本来充

电这一业态就是为了谁都可以来用的），如果定价合理的话，自然可以实现利润率与服务更多客户之间的平衡，所以，在投资方面快充相比于换电模式还是更有优势。

在这里我们还要做一下引申：以上论述都是针对家用/乘用车而言。对于运营的乘用车，即出租车，因为其运行的模式变了，以上很多边界条件也会变；而对于商用车来说（尤其是重载卡车），那就更不一样了。总体来说，换电这一运营模式更适合出租车和商用车领域，因为可以大量集中采购，统一运营调配管理（安排好充电换电的顺序），运营路线和行为相对更可预测和管理（换电站就可以不用到处铺设，而对于矿山这种封闭式的场景则一个换电站足够），换电模式在这里可以体现出相当大的优越性，尤其是在换电重卡领域尤为明显，因此目前该业态发展非常迅速，为国家达成双碳转型目标贡献显著。

2. 给电网的压力：换电胜

快充这种业态常常需要随时可以接入一个大到百千瓦以上的负荷，这对配电网的压力可以说非常大，很可能需要引入灵活资源等提供支持。虽然可以使用现在能源互联网的很多理念进行优化（比如需求响应的支持，通过提前预约排队计划来让电力系统做好协调准备），但是充电时需要一个急剧上升的巨大功率这一条的本质是永远逃不了的。反观换电：换电就是为了把电池放在那里可以慢慢充，对电网的压力自然小很多；而且既然有换下的电池不需要那么着急地充满，慢慢充电的电池其实就可以玩出各种"花样"来，比如在未来的电力体系中充当需求响应/提供各种辅助服务来挣钱，换电站完全可以当作一个储能电站来使用，这可以说是换电模式的一大优势，甚至可以说是换电模式一直被大家寄予厚望的原因，它真正打开了电池与电网甚至整个能源网络的良性互动的可能性。

3. 通用性：快充完胜

充电本来就很容易也必须统一标准——大都在一个地方充电，你能充我却不能（当然前提是这辆车本身也要具备这种充电能力），这是很奇怪的（就好像一个加油站只让几个品牌的车去加油）。但是反观换电，很多人在倡议说各家应该可以电池包互换，总体来说这个很难达到的。

首先这需要各家都去走换电的技术路线，一般来说乘用车大家还是缺乏理由一定要去做换电技术路线：开发出电池已经很不容易了，如果要进一步可换，要考虑的因素一定更多，包括换电机械件的寿命，电气和冷却等系统的衔接等（特斯拉后来都不再提换电了），而且还涉及了建设运营换电站这个"先有鸡还是先有蛋"的灵魂问题：没有换电车型为什么要建换电站？没有换电站又为什么要开发换电车型？

即使各家都走了换电路线，面临的新问题就是得让各家之间的电池可以互换。此时问题在于：不同企业不同定位的车，开发电池的标准可以说千差万别，好的电池差的电池表现可以说差别大得夸张。而且电池是电动汽车动力系统的核心部件，如果硬要类比，那可不只是油箱（蓄能），笔者认为应该是油箱＋半个发动机（毕竟电池是高度参与到动力系统运行工作中的，与电机电控系统有复杂的协作关系，需要经过一套严密的开发、标定、验证等工作），你可以想象各家汽车的发动机可以互相换吗？所以，动力电池是整车动力系统的核心组成部分，是该车辆技术的最核心体现，想要不同企业之间的产品实现互换是不现实的。

小结：对于乘用车领域来说，大规模推动换电服务的使用／互相通用并不是很现实（有投资大、运营盈利难及作为核心技术各家企业间互不兼容这两大问题），快充才是更好的选择。实际上大多数（乘用）车企目前都在主推快充技术路线，但是一直坚持提供换电服务的蔚来这样的企业创新尝试也值得尊重，我们需要保护技术多样性，并看看换电技术可以走到多远。但是对于商用车等偏运营的领域，换电模式先天与这里的场合比较契合，目前发展也很好，可以说已经为该领域的低碳化电气化指明了前进的方向。

⁞⁞⁞ 4.5 总结

在本章中，我们基于单体电芯，详细介绍了如何把不同的电芯（方形、圆柱、软包）集成到电池系统，还对比了不同电芯的电池系统的集成方式，并对各种更高集成度技术（CTP、CTB、CTC）进行了对比和分析，强调了任何技术最后都要考虑综合经济性才能在竞争中胜出，最后还对比了业内一直非常关注的两大补能技术路线——换电和快充在不同方面的优劣。

回顾一下已经介绍了的内容：从电芯单体（Cell）到电池系统（Battery Pack），我们已经大概说明了它们都是什么，是怎么制造出来的。但是更进一步地，它们是如何工作的呢？电芯和电池工作起来对应的物理量主要是哪些呢？哪些指标需要重点关注呢？这些因素是如何与技术上的挑战互相关联的呢？我们将在第 5 章做进一步的介绍。

在前面的几章中，我们介绍了电芯化学体系、结构与制备工艺，以及如何把电芯集成到系统中最终得到我们的动力电池包。经过这些介绍，从组成、结构和工艺的角度，我们对电芯单体和电池系统是什么已经有一个基本的认识了，但是对于它们如何工作和使用，有哪些物理量需要注意却还不甚了解。从这一章开始，我们将重点从电池（电芯）的物理性能入手，让读者知道电池的性能指标具体是什么样的、工作原理是什么、主要在什么场合应用、各种场景分别有什么要求。只有了解了这些，我们才能知道电池到底是怎么使用的，以更好更深地认识电池技术，并且也为理解该领域中目前主要的技术挑战（第 6 章）和未来技术的发展方向（第 7 章）打下基础。

‖‖ 5.1 基础物理量

在这里，我们需要从一节单体电芯最基本的化学反应机理开始讲解，看看主要有哪些物理量，它们之间的关系是什么。

5.1.1 全电池电压 / 曲线 = 正极 — 负极

在第 2 章中我们已经介绍过，电池的正极和负极材料都有相对于锂金属的电位，如图 5.1 中的蓝色（正极，即三条曲线中最上面的一条）和红色（负极，即三条曲线中最下面的一条）曲线所示：随着充电反应进行，正负极材料的电位从左向右演化，即正极电位越来越高，负极电位越来越低。

一节电芯（即全电池）是由正极和负极匹配组成的，这节电芯的电压等于其中的正极材料的电压（曲线）减去负极材料电压，即图 5.1 中最终得到的与上面曲线相距很近的中间的黑色曲线。读者可以回想一下，为什么磷酸铁锂材料的对

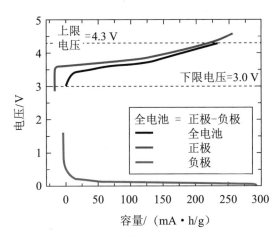

图 5.1 　一节单体锂离子电池在充电时的正、负极电压曲线和全电池的电压曲线

锂电位是 3.4V，但是我们平时使用磷酸铁锂电芯的电位大概是 3.22V 呢？因为负极有一个平均 0.1 ～ 0.15V 电位，正极减去负极后自然就是 3.2V 左右了。在这里我们可以引申出两个知识点：

（1）一节电芯充放电时，在外面测量出来的一般都是全电池的 / 整个这节电芯的电压数据信息。这个数据当然十分重要，但是在很多需要对电芯的物化特性进行更详细分析的情景中就不太够用了，因为并不知道此时这节电芯中正极和负极的电位具体分别是多少，因此相应地就需要一些更为精细的电化学表征手段（如三电极等）。这些分析手段可以帮助我们更进一步地了解电芯里面正极和负极材料此时具体所处的电化学情况，对于析锂表征这种要求精度高又十分重要的需求是必备的。

（2）正极和负极需要按一定的量匹配：如果正极过多或负极过多，电池的曲线充放电行为就会偏离我们看到的图 5.1 中的这种良好匹配后的结果，可能带来一系列问题（容量发挥不全、正极 / 负极过充放、副反应加剧、加快衰老等），这也要求我们在一开始电芯设计时就要保证好正、负极的使用量的匹配（一般来说需要让负极微过量），并且要让正、负极在使用过程中尽量以相近的老化速度来衰减。

5.1.2 荷电状态与放电深度：加起来就是 100%

我们的锂离子电池是一种二次电池，可以做可逆的充放电反应，充电曲线"反过来"基本就是放电曲线（当然并不完全是把这个曲线镜像过来就能完全互相重合，还要考虑极化等因素）。在这里我们要再带来两个术语：荷电状态（State of Charge，SOC），以及放电深度（Depth of Discharge, DOD）。

荷电状态（SOC），即这节电芯的实际电荷 / 充电量相对于其（定义的）满电状态的百分比，充满时就是 100%，放光时就是 0%，有一半电时就是 50%。

放电深度（DOD），也就是这节电芯目前相对于其满电状态放出了多少电，充满时放出了 0%，空电时放出了 100%，有一半电时放出了 50%。

不难看出，这款电芯目前拥有的那一部分电量（SOC）加上已经放出去的另一部分（DOD）得到的肯定就是 100%。这两个量非常重要，基于它们我们才更容易进行后面一系列延伸物理量的进一步介绍和分析。

5.1.3 一些更为基础的物理量：电流、电压、功率、能量、容量、能量密度

虽然这些物理量很多读者在高中时应该已经学过了，我们在这里还是要再强调一下：

电流：电池工作时放 / 充时输出 / 输入的电流（Current），在电磁学上的物理意义为单位时间里通过导体任一横截面的电量（$I = Q / t$，Q 为电量，t 为时间），其物理量为 I，单位为安培（A）。

电压：其物理量一般为 U（Voltage），单位为伏特（V），也被称作电势差或电位差，是衡量单位电荷在静电场中由于电势不同所产生的能量差的物理量。

功率：其物理量一般为 P（Power），单位为瓦特（W），即单位时间内做功的多少，计算方法为 $P = U \times I$（电压 × 电流）。注意：电流做功的能力在这里就是通过电压 × 电流得来的，这一点很重要，后面对系统做更为详细电量 / 功率计算时，这些计算方法都会经常用得上。

能量：其物理量一般为 E（Energy），单位为焦耳（J），能量 = 功率 × 时间（$E = P \times t$，即以一定功率在一段时间内做功的总量）。在这里要注意：当以该公式 $E = P \times t$ 计算时，如果取 P 单位为 W 或 kW，t 的单位通常不会使用秒（s）而是多会换算成小时（h），得到的能量单位就为 kW·h 即"千瓦时"，也就是我们在日常生活中常说的"度电"单位，它在动力电池领域中也是非常常用的能量单位。另外一个计算思路是 $E = P \times t = U \times I \times t = U \times Q$，从物理意义上来理解，就是把一定量的电量（$Q$）从一定的低电位搬到高电位上去（电位差为 U），其实这个计算方法与我们计算重力势能的思路很像（把一定重量的物体搬高一定的高度），也希望这个类比可以帮助读者更好地理解电池中充电 - 放电时

发生的反应和各种过程，以及每一个物理量背后代表的意义。

电量 / 容量：其物理量一般为 Q（Capacity），单位为库仑（C），单位时间通过的电量（也就是容量）就是电流，那电流对时间的积分也就可以得到电量，即电荷量的总计的数量。从做功的角度来说，电量乘以电压后也可以得到能量：$E = U \times Q$，所以能量与电量 / 容量也是可以相互转化的（差着一个电压），但是两者并不是相同的物理量，这一点需要特别注意。

能量密度：业内常常会用 Energy Density（ED）来表示，即单位体积或质量的电池 / 电芯含有的能量，单位常常为 W·h/l 或 W·h/kg。这个物理量非常重要，有了它我们才知道这个电池是不是可以在有限的体积和质量限制条件下承载容纳更多的能量，对于追求小体积（单位体积）和轻量化（单位重量）指标的动力电池非常重要（相比之下，储能领域的应用在这方面的要求就要低很多）。在这里尤其要强调的是体积能量密度，因为质量能量密度相对好理解一些（比如很多人经常听说的 300W·h/kg），但是对于乘用车动力电池来说，体积能量密度才更为重要，原因很简单：固然轻量化很重要，但对于乘用车更紧要的事情在于：底盘空间（X、Y 轴方向）有限，又不能把电池包做得太高（Z 轴方向高度有限），所以整体留给电池的空间就没有那么大，需要在这有限的空间里装下足够多的电量，对体积能量密度要求也就更高了。不仅如此，我们不只需要关注能量密度，还要保证功率、快充、寿命、安全、成本等其他因素达到指标，而这些因素与能量密度之间或多或少存在前文所述的"跷跷板"效应，因此想把它们一起做好是有一定难度的。

5.1.4 C-Rate 倍率性能

前面几节里介绍的物理量是比较常规的，大多在高中物理课本中有所涉及，下面再介绍一个可能相对较新的概念——C-Rate，可以翻译为倍率性能，但是在业内大家喜欢更直接地说"几 C"，那它是什么意思呢？

C-Rate 实际上指的还是电池 / 电芯充放电电流的大小，从这个意义上说它与电流单位 I 相近。但 C-Rate 其实给出的是相对于一个电芯电量 / 容量的充放电电流的大小：1C 的电流大小等于在理论 / 完美条件下（强调注意这个理论前提条件），1 小时内把这个电芯放光 / 充满对应的电流。

比如一个电芯容量为 60A·h，它的 1C 倍率对应的电流就是 60A，即理想条件下 1 小时把它充满或放光的电流。对于任何一个电芯，如果它的容量是 ××

A·h，那它的 1C 电流对应的也就是 ××A。不难看出，C-rate 其实是一个归一化的单位，这样不同容量的电芯都可以用"×C"（几倍于 1C）的标准来衡量，来相互比较快充/放电的能力。

因此，如果是 5C，就意味着这个电流是 5 倍于 1C 电流的大小（可以说是比较大的电流了），而 1/3C 就意味着是 1/3 倍的 1C 电流的大小，这两个电流大小也就分别对应着（在理想情况下）把电池在 12 分钟（1/5 小时）及 3 小时放光/充满电。再强调一下，这里说的理想情况真的就只是一个理论条件而已，因为：

（1）在实际情况中尤其是快充场景中，电池是不可能一直以一个大电流快充的，因为受到析锂等诸多因素影响，快充的大倍率电流常常只能在低 SOC 下适用，进入中高区后就要降倍率（De-rate），所以读者看到的很多 5C/6C 的快充广告其实更多表示的是最大电流是 5C/6C 而不是平均电流（当然能达到这样的充电电流已经非常优秀了）。

（2）在高倍率下受限于反应动力学等原因，电芯可以发挥的充放电容量一般都会相应地减少，不可能像低倍率时一样发挥出额定的容量值，而这个减少的幅度就取决于电芯本身的高倍率能力。不过对于 < 1C 的很多偏小电流（即低 C-Rate）场景，倒是基本可以认定使用 1/x C-Rate 的电流进行充/放电就对应着 x 小时的充满/放光电，与实际情况大体吻合。

C-Rate 倍率值非常重要，在后面的快充性能分析等方面都会频繁提及，所以在这里先做了比较详细的介绍，希望读者对其给予重视。

5.2 实际充放电曲线

在 5.1 节中，我们已经系统介绍了电芯工作时涉及的几乎所有的核心物理参数，在本节中，我们就结合电芯实际的充放电曲线图，对这些物理参数进行更为直观的讲解，从而让读者能更好地理解和具体体会电芯是如何工作并与外界互动的，每一个物理量都有什么意义。而且在这里要再强调一下，电芯工作的充放电曲线可以说是电池最核心的工作信息和最直观的数据体现，必须先吃透它，才能更进一步地深化后续工作。

图 5.2 给出了一节 50A·h 的三元电池在 25℃时的放电曲线示意图（3 条曲线中的最右侧曲线），结合前面介绍的所有物理量，我们来更进一步地详

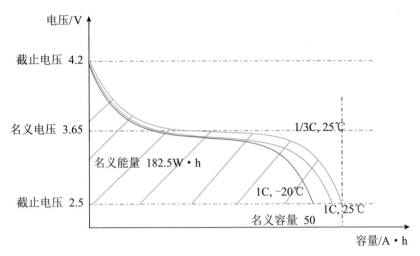

图 5.2　一节容量为 50A·h 的三元电池电芯的放电行为 / 曲线

细解读。在此放电曲线图中，X 轴定义的就是电芯放出的容量（Discharged Capacity），而 Y 轴则是电芯的电压。从中可以看出，当放电容量为 0（0%DOD，100%SOC）时，电芯的电压为最高值（在这里给出的是 4.2V，即充电的截止电压 Cut-off voltage）。

随着不断放电，整个曲线从左向右演化，相应电芯的电压也在不断下降。从这里要引出一个重要的知识点：电芯在工作过程中，随着充电和放电，其电压是在不断变化的。如果摆脱掉大电流时 / 后的极化现象的影响，在较长时间静置稳定后，电芯的电压与其荷电状态 SOC 一般都会有一个直接的单一对应关系，这对于 BMS 等修正校准电池荷电状态是非常有用的，在这方面三元电池的曲线坡度更为明显，因此关联电压与荷电状态也就更为容易，而曲线比较平的磷酸铁锂电池就要麻烦许多了。

继续放电，电芯的电压进一步下降，降到 2.5V 左右就是一般定义的"放光电"，即 DOD100% 状态了。如果是在我们的额定电流（常常是用 1/3C）下放出的总电量，常常就被我们定义为额定 / 名义容量（Nominal capacity），一般情况下我们就可以定义标准：这就是它的容量，因此在这里我们定义这个电芯的容量就是 50A·h 了。

如果我们使用更"不利"的工况来对同样一个满电状态的电芯放电，那电芯能放出的电量也会有所不同，体现在这个曲线上就是放电曲线会整体左缩：满电状态对应的电芯都是从 4.2V 开始放，此时放不到 50A·h 时就已经触及电芯截止电压的 2.5V 下限值了。我们在图 5.2 中就列举了两种更为"不利"的工况：更高倍率（1C，中间曲线）以及更低温度（-20℃，最左侧曲线）时放电的曲线，可以看出在这两种情景下相应地能放出的容量都变少了。这主要归因于动力学方面的原因：这些存在电芯里的电量都还在，但是因为更低的温度 / 更高的倍率下，动力学上的条件不允许这些电荷及时地被放出，如果之后回归更好的工作条件，它们可以再重新被"释放出来"。还要注意一点，这里给出的更"不利"工况下相对于理想工况（比如这里的 25℃，1/3C）曲线整体左缩 / 左移的幅度只是一个示意而已，是定性而不是定量的。在各种更为"不利"的工况下电芯的电性能表现，实际上取决于由每一个电芯的具体设计思路和实际制造水平等综合因素决定出的倍率性能：可能一家企业的某一款电芯的倍率性能极好，即使用 4C 大电流放电也没有向左移多少，也可能另一家的电芯低温性能就是差，所以 -20℃ 下曲线左移十分剧烈，这就意味着低温下的续航大打折扣。所以，具体每家电池企业如何制造出性能更优的电芯，以更好地应对各种不利的工况，就要看各家自己的本事了。更重要的一条是：嘴炮不重要，如果你的电池真好，那就拉出来遛遛，只有在真实工况中让客观的第三方来测试你的电芯实际发挥如何才是真正的考验（内部的测试报告只能用作参考，公信力不够），因此，各家车企对各种先进电芯评估中的实际测试往往都是开展更深合作工作的第一步。

刚才讲了 Nominal capacity 是名义容量，在这里我们再引入两个物理量：名义能量（Nominal energy）和名义电压（Nominal voltage）。在放电容量 – 电压曲线图中，横轴是容量，纵轴是电压（图 5.3），如果把电压对容量做积分，可以得到整个放电曲线下覆盖的面积——这个面积从物理意义上很好理解，也就对应我们前面说的 $E = U \times Q$，即覆盖的面积就是放电放出的能量（名义能量 Nominal Energy，$E_{nominal}$）。

再进一步，刚才我们虽然说的是 $E = U \times Q$，但因为 U 是一直在变的，我们实际上说的是曲线下覆盖的面积，即微积分算出的总和值。有的读者可能表示：微积分这个工具很厉害但是用起来不够方便，可不可以进一步简化呢？可以。这个面积需要用微积分来表示主要是因为充 / 放电过程中 U 一直在变，那基于 $E = U \times Q$，我们完全可以把它的几何意义等效为面积 $E = $ 长 $U \times$ 宽 Q 的矩形面积，既然 Q 容量的这一边长度已经很明确了（也就是名义容量 $Q_{nominal}$），那另一边的边长就可以用这个 U 来表示，因此我们就可以通过 $E_{nominal}/Q_{nominal}$ 得出下一个物理量：名义电压 $U_{nominal}$。

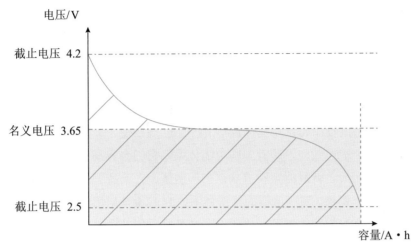

图 5.3 把放电曲线下面的面积（名义能量）等效成一个矩形

这里名义电压的物理意义已经很明显了，即额定条件下放电时，放出的总 / 名义能量（Nominal Energy）除以名义容量（Nominal Capacity）所得到的值，也就是把这个曲线下的面积等效为等面积矩形（容量这一边保持不变）之后对应出来的 *Y* 轴电压值的高度（在这里为 3.65V）。考虑到像三元电池放电曲线较为"对称"/"规整"，有时我们也可以把这个电压值近似称为放电中压，因其常常与 50%SOC 时对应的电压值很接近，可以互相借鉴做一些估算。对于一般的三元电池，名义电压常常就是 3.65V，如果使用了负极电压更高（意味着全电池电压更低）的材料，电芯的名义电压会低到 3.60V 甚至更低，而如果用了正极电压更高的高电压体系（目前有达到 4.40V 的），电芯的名义电压有时则可以高到 3.70V。

5.3 可用能量

以我们常用的三元电芯为例，其常见的电压范围是 2.5 ～ 4.2V，也就是说我们常把这个电芯的静态电压的 4.2V 定义为 100%SOC 即满电，2.5V 定义为 0%SOC 即放光电。但这个是单纯对电芯工作范围的一个定义，把电芯集成系统后（以纯电电动汽车的应用场景为例），我们常常要把电芯可以使用的电压区间 / 电量范围做进一步的缩减：比如之前对于单体电芯是 0% ～ 100%，现在会根据各家不同车型的整车具体要求缩减成 1% ～ 97%、4% ～ 100%、2% ～ 98% 等，各家企业常常不太一样。这样做的原因主要是基于以下几点考虑。

（1）锂离子电池的 100% 深度的充电和放电（"满充满放"）实际上对于电芯的寿命是损坏最大的——这容易导致正负极材料基体更深度地反应，以及相应产生更大的应力，导致一些微观支撑结构的加速坍塌老化。相反，如果"浅充浅放"，这对于电芯全生命周期能量吞吐量的增加会有明显的提升作用，如图 5.4 所示。在这里可能有的朋友会问：之前我们用的手机电池常常会要求前三次满充满放，或者使用过程中每次都要充满放光，怎么现在变了？这个"满充满放"的要求主要归因于记忆效应，即有一些电池体系，它们会容易记住之前使用时的充放电深度，久而久之就只能充和放到这个程度了。之前我们还在用功能机的时候很多手机电池是镍氢 / 镍镉这样的传统体系，它们还有记忆效应，所以得满充放光，但是现在我们的智能机和一般的电子产品几乎用的都是锂离子电池，该体系电池几乎是没有什么记忆效应的，所以切记：随用随充，这样浅充浅放，对锂离子电池的长寿命使用才是更为有利的（图 5.4）。

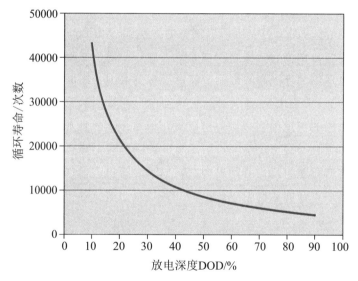

图 5.4　锂离子电池充放电深度与寿命的关系

（2）对于纯电动汽车来说，电芯单体集成得到电池系统后，可用的 SOC/ 能量范围肯定是要做缩减的，但常常就是上下各缩几个百分点就可以了。为什么不能再多一点呢？因为能量一般不够用、有里程焦虑：如果上下各缩 10%、一共缩了 20%，那里程打折可就非常明显了，消费者看着自己的电车行驶里程从 500km 缩成 400km，肯定不会满意。刚才说的这一点其实可能有些朋友已经意识到了——这不就是有些企业目前在做的"锁电"措施吗？很多企业因为电池开发、质量品控方面发现了新的问题，认为让电池充满时安全风险会更大，只得在用户正常使用产品后再通过远程软件升级去锁死，尤其是高电压 / 高 SOC 对应的那部分容量。这样可以临时性地解决一部分安全问题，但问题是消费者的权益受到了损害：我花了这些钱，买的车本来得有一定的续航，结果你一锁就打了个 7 折左右还不给我赔偿，我当然不乐意了。在这方面，相关的法律法规还在不断地完善，虽然电动汽车是个新鲜事物，对于消费者权利的保护也应该跟各领域的规范共同努力才能使这个行业发展得更好。

（3）对于插电混动（PHEV）及增程混动（EREV）来说，它们使用电池时的可用容量 / 能量的区间一般比纯电动（BEV）要再窄一些，原因也很简单：首先这里的里程焦虑不像纯电动汽车那么大——反正没电了还可以靠油箱顶一下，所以从初始的产品定义时就可以多锁掉一部分。其次在混动工况下，常常需要电芯以更大的倍率工作，也需要更多的充放电循环次数，此时就需要进一步缩小电芯允许的充放电深度来换取更长的电池寿命。

（4）在电池使用过程中，总是需要保留一些缓冲区间（Buffer）来保证有余量去应对一些特殊情况。比如使用时发生了电用光了的情况（系统显示 SOC=0%），但是因为有一部分容量是已经被定义为正常情况下不可用的缓冲值，在需要救援等时可以通过工程师激活的方式把最后的这些电量调出，用于应对特殊情况（比如空电时需要挪车，再如出现自然灾害时可以临时调用成为供电储能装置等）。

综上所述，电池要在实际情况中使用，考虑到缓冲值、寿命发挥等多重因素，常常需要在比单体定义状态下的 0% ～ 100% SOC 对应的更窄的电压 / 电量区间工作，纯电电动汽车锁电的区间小一点，用于混动的电池则为了保证寿命会锁掉更宽的容量区间。另外要注意一点，通常电芯（以三元电池为例）的工作电压区间是 2.5 ～ 4.2V，但实际上这些电芯都是具有充到更高电压和放到更低电压的可能性，只是经过的反复开发验证和经验积累，我们发现超出了这个电压范围后，电芯会发生很多明显的、不可逆的加速老化和衰减反应，这对于电池的正常使用、保证寿命十分不利，而且此时的安全风险也要大出许多，因此我们定义了这个 0% 和 100%SOC 对应的两端的电压值——它们是被定义出来的，要通过 BMS 的保护来保证每一节电芯在实际工作中一般不会超出这个电压范围。所以这些电芯如果去除掉系统保护后，其实都是具有充到 4.2V 以上或者放电到 2.5V 以下的可能性的，只是此时的工况已经被我们定义为了滥用（Abuse）而已。有的电芯体系经过优化，可以在更高的电压区间工作而不被定义为滥用（如中镍高电压有时可以高到 4.4V)。以上这些信息我们都需要注意，才能更好地理解电池工作时的可用电量 / 能量 / 电压区间这一系列概念及背后蕴含的物理意义。

Ⅲ 5.4 串并联

下面我们把电芯经过串联和并联组成系统，然后看一下由 N 个电芯组成的系统，在几个典型物理量的维度上相比于单体电芯会有什么样的变化。总体来说，这里的变化与物理课上学到的经典理论没有什么区别。

N 节电芯串联得到电池系统时：电流都是一样的，但是电压会相应地变成 N 倍（N 节电芯累加），功率也要变成 N 倍（N 节电芯累加，或者从另一个方向理解：$P = U \times I$，U 是 N 倍而同时 I 不变，因此 P 是 N 倍），在容量方面还是不变的（N 节电芯串联后电压上升而容量不变），而能量会变成之前的 N 倍（$E = U \times Q$，U 是 N 倍而 Q 不变，因此 E 也是 N 倍）。

N 节电芯并联得到电池系统时：电流要变成 N 倍（N 节电芯累加），电压则不变，因此功率 $P = U \times I$ 也会变成之前的 N 倍。此时容量会变成之前的 N 倍，能量也要变成之前的 N 倍（$E = U \times Q$，此时 U 不变，而 Q 变成了之前的 N 倍，因此 E 也是 N 倍）。

以实际的电池系统为例：如果是 100A·h 的电芯，单体名义电压为 3.7V，名义电流按 1/3C 算就是 33.33A，那么由 200 节电芯组成系统应该就有 100A·h × 3.7V × 200 节 = 74000W·h = 74kW·h 的电量。但是我们可以走两条系统集成路线。

（1）1p200s，即全串联没有并联（s = series 串联，p = parallel 并联），此时系统就具有 200 × 3.7V = 740V 的电压（基本就是我们目前常说的 800V 高电压系统了），容量就是 100A·h × 1（并）= 100A·h，名义电流还是 33.33A × 1 = 33.33A，名义功率 = 名义电压 × 名义电流 = 740V × 33.33A ≈ 24.66kW。

（2）2p100s，即先两并，再 100 串，此时系统的电压就是 100 × 3.7V = 370V（即平时最常见的 400V 系统的一般电压），容量就是 100A·h × 2（并）= 200A·h，名义电流则是 33.33A × 2 = 66.66A，即比 1p200s 时大了一倍，名义功率 = 名义电压 × 名义电流 = 370V × 66.66A ≈ 24.66kW。

可以看出，不同的串并联组合方式（System configuration）会带来不同的系统电压和电流值，但是系统的总体功率和能量还是一样的（表 5.1）。更多的串

联数会带来更高的系统电压等级及更小的系统电流——像目前在大力发展的 800V
平台就是需要让电池系统中的电芯更多地串联，这样可以提高电压，降低电流，
就可以用降低电池使用过程中产生的欧姆 - 焦耳热，并使用更细的汇流排（可以
轻量化）来实现相同的快充效果。当然此时在系统各元件的耐压等级、绝缘方面
也有更高的要求，不过总体来看不存在明显的技术障碍。目前，具有 800V 系统的
车型已经出现了一些，而且可以预见未来将会有更多的更有竞争力的产品问世。

表 5.1　电芯经过串并联组成模组 / 系统后，各核心物理量相应的变化关系

物理量	串 × N	并 × N
电流	× 1	× N
电压	× N	× 1
功率	× N	× N
容量	× 1	× N
能量	× N	× N

ⅢⅠ 5.5　六大性能维度

下面介绍一下电池性能的六大维度：能量、功率、快充、寿命、安全、成
本。其实核心性能维度在不同文献、研究报告中给的不会完全一样，也有说八
大、十大等，在本书中，笔者认为要做最精简的提炼就用这六个参数，基本可以
涵盖电池的主要方面了。一般来说，作为一个汽车工业中的元件，电池应该在这
六个维度上没有明显的短板：可以有所侧重，但不应该在哪一方面有明显缺陷，
这对于实现工程上的性能指标和实用性非常重要，接下来我们将按每一个维度来
做详细的介绍。

5.5.1　能量

能量（Energy）对于动力电池来说是最为基础的核心参数，电芯 / 电池系统
可以装多少能量，也就意味着它能够一次充电跑多远。而考虑到电动汽车尤其是
乘用车的底盘空间有限，又有轻量化的要求，意味着电池的质量比能量密度和体
积比能量密度一定要高，这就对电芯单体的能量密度及系统的集成效率都提出
了严格的要求。在提高电芯单体的能量密度及不断提高系统的集成效率、以期提
高系统能量密度的过程中，我们需要保证不对其他方面性能造成太大的牺牲，这

一点非常重要。如果你的高比能/1000km 续航的先进指标是通过单纯多堆电池/牺牲功率性能/快充很差/寿命不行/安全有妥协/成本极高的方法做出来的,这并不能算作技术上的真正突破,反而更像是为了迎合一些 KPI 而专门投机取巧做的设计而已。

在 2018—2020 年,因为电池技术路线的不确定性,我国从法规和补贴角度非常强调电池能量密度带来的指标先进性,因此那时大家都在追求高镍-三元方向,300W·h/kg 可以说是概念最火的"最靓的仔"。随着行业的不断发展,国内行业技术的日益成熟,电动汽车行业体量迅速增大,大家也意识到能量密度固然很重要,但不能把指挥棒单独指向能量密度,所以在过去几年,其他指标,如安全性得到了越来越多的重视,整车能耗也被提上了重要的优先级:一方面要多装电,另一方面要让电用得更为高效。虽然在竞争中,我们还是要开发高比能电池,这样整车的性能指标才优秀,但现在大家追求能量密度已经与 5 年前的思路完全不同了:当年是对着能量密度单个 KPI 进攻,而现在的开发思路则是各方面性能都要达到要求,不仅是能量密度,在快充、寿命、成本等方面都要跟得上。对能量密度的重视历经变迁,虽有起起落落但从未淡出我们的视野。高比能可以说是电池永恒的主题。

5.5.2 功率

功率(Power)即电池单位时间做功的能力,对于我们的动力电池来说,功率倒不是太大的挑战。大家可能或多或少都听说过:电动汽车常常有里程焦虑,但很少听到有人抱怨电动汽车"没劲",这是因为电池的功率/放电性能都是不错的,加上电动机在很宽的工作区间都有最大的功率输出能力,所以即使是不太偏向于功率型的电池,其作为一个功率输出源常常性能也是很不错的。

但是这也不代表我们就可以对此不给予重视。首先电动汽车整体在动力系统上性能指标相比于以前的燃油车时代有了明显的提升,百公里加速 4~5s 早就不是什么新奇事了,而相应水涨船高的要求也带来了功率性能的新一轮内卷竞争,所以功率性能同样需要重视。而功率性能常常与电芯的内阻性能紧密相关——降低内阻就意味着更少的欧姆损耗,更高的能量效率,而且这也常常与快充能力的提升直接相关。

对内阻的不断优化可以说是电池开发永恒的主题,如果谁家的电芯内阻一直很大,我很难相信它除了能量外的综合性能指标到底多有竞争力:高的内阻会导致功率持续时间变短（极化过大），会有更多的能量低效地作为热量被浪费掉，而对此做好热管理还会进一步消耗更多的能量，对于能效来说非常不利。

对于纯电动车的电池来说，因为整体电量大，最后总功率分摊给每一节电芯的出力需求不那么大，但是对于插混 PHEV 和纯混 HEV 车型的动力电池来说，电池电量小而分摊到每一节电芯的功率需求多，这时功率的重要性就更大了，设计电芯时就需要优先满足功率需求而把能量需求的优先级向后排了（极片涂布厚度更薄，配方中导电剂用量需要提升等）。

5.5.3 快充

在最近的两年中，对快充（Quick Charge）性能的重视已经逐渐变成了各家企业几乎都在发展的重点方向。原因其实很简单：我们需要电动汽车的补能体验尽可能地接近传统燃油车加油站"即加即走"的感受，而且电动汽车普遍还是有一些里程焦虑，如果能多铺设充电桩、增加快充桩的布局，对于电动汽车使用体验的提升效果将会非常显著。

图 5.5、图 5.6 中就给出了笔者统计于 2022 年 3 月的国内外主流车企的快充平台开发情况。可以看出，当时几乎大多数主流车企都已经开始对 800V 快充技术进行布局，而后来包括蔚来等一直致力于换电的企业也已经陆续做了大功率快充布局，这些都说明了快充技术方向的重要性。

	2020				2021				2022				2023				2024				2025			
	Q1	Q2	Q3	Q4	Q1	Q2	Q3	Q4	Q1	Q2	Q3	Q4	Q1	Q2	Q3	Q4	Q1	Q2	Q3	Q4	Q1	Q2	Q3	Q4
蔚来													网络上仅有快充桩建设信息											
小鹏		广州车展发布G9和XPower 3.0平台◇								▲G9, 480kW, 4C, 5min, 200km,														
理想			宣布将研发纯电平台Whale和Shark ◇										▲ 首款纯电车型, 10～15min 10%～80%SOC, 400kW（大约）										
零跑		2.0战略发布包括800V的多项技术																	▲800V, 400kW平台首款车型					
华为		发布AI闪充动力域高压平台◇				搭载平台第一代技术的极狐车型, 750V, 200kW 15min SOC30%～80%, 10min 20km							第二代技术, 1000V, 400kW;第三代技术, 1000V, 600kW 7.5min SOC30%～80% ▲ 5min SOC30%～80%										
BYD		发布e平台3.0, 支持1000km续航 800V闪充 ◇			▲ 海豚30min SOC 30%～80%				▲元PLUS 80V, 5min 150km															
吉利		发布SEA架构 800V, 5min 120km, ◇				▲ 极氪001, 360kW, 5min 120km																		
长安		发布800V电驱平台, 有450、800两个系列 产品 满足160～300kW功率需求 ◇											首款车型C385量产时间不确定, 10min 200km											
长城			长城机甲龙品牌发布 支持800V, 480kW快充 ◇					▲802km限量版上半年陆续 交付, 100min, 401km续航																
岚图		展示了自研的800V高电压平台 4C电芯, 360kW, 10min 400km ◇											首款车型量产时间不确定, "目前已经进入整车测试阶段"											
广汽		AION V 6C版量产1000V, 480kW◇ 5min SOC30%～80% 200km																						

2022/3/15　　　◇ 高压快充平台发布　　　▲ 量产车型上市

图 5.5 统计于 2022 年 3 月的国内主流车企的快充平台开发情况

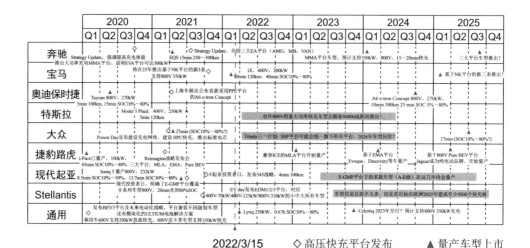

2022/3/15　　◇ 高压快充平台发布　　▲ 量产车型上市

图 5.6　统计于 2022 年 3 月的国际主流车企的快充平台开发情况

从 2022 年开始有一些企业，已经陆续推出具有 15～30min（补能 10%～80%SOC）的车型，基本可以对应 2～3C 的平均快充能力。据笔者所知，目前很多车企在开发的项目很多都要求 10～15min 快充，对应 3～4C 甚至更高的平均充电速率毫不稀奇，如果换算到充电功率，200kW 甚至 300kW+ 也都不是什么稀罕事。要做好快充使其能够实用，我们需要在多个环节做好配套：比如电网做好相应的配套准备（灵活资源，响应瞬时大功率需求）；充电桩要具有快充能力（大电流必然要求粗电线，要配备冷却装置，以及 800V 快充桩）；在电池系统方面也需要针对快充（或 800V）对电子元器件等的耐压、耐流能力做全面的升级；在系统的冷却、电芯本体的快充能力方面也要形成配合。每一项要求的达成都不是一件容易的事情，更具体的内容我们会在第 6 章关于快充技术这一节中做更为详细的介绍。

5.5.4　寿命

电池的服役寿命（Service Life）是非常重要的性能：我们不能买了一辆车，但是它不到 3 年跑了几万公里电池容量就衰减到初始的 80% 了（即很多企业规定电池生命末期的健康状态判据），也不能放在温度高的户外几个月后电池就迅速衰减老化了。

跑几万公里的里程对应的衰减基本可以对应于电池完成的循环数（即循环寿命 Cycle Life），或者是能量吞吐量（Energy Throughput，ETP），那么对应过来最简单的工况就是循环——电池完成了多少次的循环还可以保持健康的容量状态，以及在这个过程中吞吐的能量总量（ETP）。当然恒定倍率的循环只是一种最简单的情况，实际在量产项目的开发中，很多企业都要制定更为复杂的、与汽车实际使用情况更像的测试工况（比如结合多种工况在一起，包括模拟城市中的频繁加减速、郊区的高速工况、停车休息及充电等，我们将这种综合工况测试出的电池寿命叫工况寿命，甚至还要针对寒冷 / 一般 / 炎热地区做各种更细分的工况），以期用更合理的工况来评定电池在经受产品定义的里程 / 服役需求后，健康状态是否仍然可以满足产品定义要求及全球各地消费者的期望。

循环寿命主要侧重于完成指定工况的充放电行为后电池还能保持一定的健康状态和工作能力，如果放在环境中不动、不做充放电（比如在炎热或寒冷的户外）电池同样会衰减，此时对应的寿命就叫作日历寿命（Calendar Life）。总体来说，电池在寒冷的地方日历寿命不会明显下降，但如果长时间放在相对炎热的地区，则日历效应的老化会比较明显（哪怕一直没有充放电也不开动）。所以使用高低温箱模拟高温地区的电池老化工况，以评定电池的高温日历寿命，都是目前动力电池开发中非常常见的测试项目。

综上所述，电池的正常老化主要包括循环老化和日历老化两部分，那么服役寿命就需要考虑这两方面的表现来表征，相对应的寿命的优化也要围绕这两部分的需求同步开展，在系统及电芯等级都要做出相应的工作。另外，动力电池在实际使用中对应的工况常常更为复杂，因此，也需要制定相应的工况来测试表征电池在这种情况下的寿命，这样得到的寿命值对动力电池实际使用中的寿命预测更有参考价值。

5.5.5 安全

汽车的安全（Safety）可以说是永恒的话题，如何强调也不为过。动力电池作为电动汽车的核心部件，安全性能自然也是重中之重。从目前行业发展的情况来看，动力电池安全的最大的关注点还是在于热失控—热蔓延的 5 分钟要求（规定于 GB 38031），因此大家在电芯单体等级的热优化研究（高安全电解液、固态电池、使用磷酸铁锂、使用高电压中镍体系等）及系统级的设计优化方面（电热分离、主动冷却、提前预警等）都做了不少工作。在热安全方面具体是如何应对的，我们准备在第 6 章中技术挑战的热安全一节做更为详细的介绍。

另外，电池系统作为一个动力系统核心元件，也要服从于汽车行业中功能安全（Functional Safety）方面的设定要求，需要遵循 ISO 26262《道路车辆功能安全》标准，保证在整个生命周期与安全相关的电子产品的功能性失效不会造成危险。可能发生的各种危害安全事件需要用 ASIL（Automotive Safety Integrity Level）等级来进行鉴定。因此，在短路、过充、高压互锁、碰撞安全、绝缘监测等方面也要有所考虑。

5.5.6 成本

作为电动汽车中最贵的元件，电池的成本（Cost）一直也是重中之重。当年行业还没发展起来的时候，2015 年左右电池价格还有 2 ～ 3 元 /（W·h），随着行业制造能力和产能规模的迅速提升，产业链配套的不断完善，电池成本迅速下降，目前可以达到 0.6 ～ 0.8 元 /（W·h）。

对于目前广泛大规模生产和使用的方形、软包和传统圆柱电芯，随着产业链的成熟和制造工艺的稳定成本已经优化得差不多了，它们也成功地推动了电动汽车技术的大规模推广。但是对于像固态电池及大圆柱这些偏新一点的技术，成本方面则或多或少需要更深的研究：有哪些工序与传统电池不同？要开发哪些设备？良率怎样？生产节拍怎样？要用哪些新的材料？这些材料本征上会有多贵？配套产业链什么时候能成熟然后成本会明显下降？这些问题都要研究透了，才能明确这些新技术在成本方面的竞争力究竟怎样。我们对未来的先进电池技术的期望当然是性能明显提升、成本基本不会明显上升甚至还会下降，至于目前很多备受关注的技术（如预锂化、硅负极等）是否能够达成这个目标，尤其是满足我们在成本上的期待，还有待观察。

成本的另外一个决定点就是上游材料的成本，即供应链的影响。在 2018—2020 年，因为产业整体发展缓慢低于预期，上游材料价格非常低迷，这也影响了各矿企、材料企业扩产的节奏，从而导致之后供应紧张局面的产生。在 2021—2022 年，电动汽车行业需求暴涨，但上游材料在过去几年行情低迷时扩产偏少，造成明显的供需失配，因此全行业的价格大爆发，这也极大地提高了电池的成本，给全产业链带来了压力。进入 2023 年，随着全球流动性的收紧及疫情后经济的疲软，加上之前需求的透支，电动汽车行业一下进入了供大于求的情况，像碳酸锂这样的核心材料价格更是迅速在几个月内从 60 万元 /t 跌到了 20 万元 /t 左右。行业供应链价格走势犹如过山车，而这样的材料价格的剧烈波动也让各企业在生产节奏上摸不准——买材料要不就是疯抢买不到（2022 年），要不就是降价不敢买（2023 年），这也影响了行业的可持续健康发展。

但是如果我们进一步思考，就会发现这样周期性的供应链剧烈波动其实在经济领域中并不是什么新鲜事，比如生猪行业（虽然这个类比看着有点奇怪）也会体现出类似的周期性的特征。为了行业的长期稳定发展，肯定需要各参与方的共同努力，一起放眼长远，对行业进行稳定持续的投入，并设立一系列供应链的稳定措施，从而共同培育出稳定的行业生态，这才更有利于行业行稳致远地发展。

5.5.7 小结

在本节中，我们介绍了电池性能的六大核心性能维度，每个性能对于电池来说都很重要，在特定的领域可以有自己的侧重点，但是总体来说，不可以有明显的短板，否则是难以真正实用的。在 5.6 节中，我们会详细介绍在不同的车型中这六大性能维度的要求都是怎样的，目前行业的技术发展情况又是什么样。

5.6 四种典型应用领域：48V/HEV、PHEV、EREV、BEV

在这里我们针对几种典型的动力电池的应用领域——轻度混动（48V/HEV）、插电混动（Plug-in Hybrid Electric Vehicle，PHEV）、增程混动（Extended Range Electric Vehicle，EREV）、纯电动（Battery Electric Vehicle，BEV）来分别介绍它们在动力电池性能维度上需求的不同（图 5.7）。

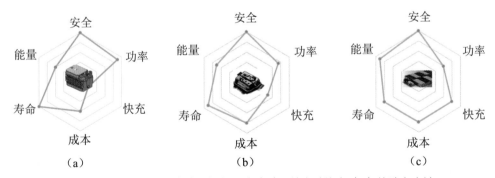

图 5.7 用于轻度混动（a）、插电混动（b）、纯电动汽车（c）的动力电池
六大性能维度要求的雷达图对比

5.6.1 轻度混动：功率与循环寿命是核心指标

48V（德系车为代表）与 HEV 系统（传统上日系车提的比较多）相似，都

是电池电量比较小的轻度混动系统，一般只有 1kW·h 左右的很少电量，电池几乎不提供纯电里程，而是主要用于与发动机紧密配合，让汽车的发动机尽量只在燃油能效更高的区间工作，从而达到节能的目的。

从以上功能描述和使用情景的信息可以看出，因为电池只有很少的能量而且基本不太指望它提供纯电里程，该类车型对电池在能量方面的要求相对较低。另外，混动车型肯定主要靠燃油来驱动，电池提供里程有限，因此即使电池用光了也不需要着急充电，所以在快充性能方面要求并不高。

在这里要求高的性能就是功率性能和寿命了。因为 48V 电池小又需要频繁地与动力系统协作进行能量的吞吐配合工作，平摊到单位电量的电芯上的功率需求非常大，因此对功率的要求很高。而该电池电量很小，可能几次充放后电量就满 / 空了，会比纯电动（BEV）车型的电池更为频繁地经历充放电循环，所以在能经受的循环周数——寿命方面的性能要求非常高。当然，想要把电池各维度的性能同时做上去是不太容易的，因此在 48V/HEV 电池的设计中，常常采用的思路就是在能量密度方面适度妥协，以追求功率和循环寿命方面的性能提升。

其他方面：该类电池电量低且占整车成本比重不大，成本略高也可以接受，所以成本方面的要求可以定义为中等。另外，我们对所有动力电池的安全要求都不应该马虎，所以在这里定义的要求为高——在这一节的所有使用情景中，对动力电池安全的要求我们会统一定义为高。

5.6.2 插电混动、增程混动：需要全性能维度的平衡

插电混动（PHEV）和增程混动（EREV）虽然在动力系统设计方面是有区别的，但总体来说在电池方面的相似点比较多：都是具有相当电量的电池（目前 10 ～ 40kW·h 的都有），以保证具有 60 ～ 200km 的纯电里程，因此行驶时灵活性强，可以选择油 / 纯电 / 混动 / 增程等多种形式。但是在动力系统上，插电混动还几乎保留着传统燃油车的燃油动力系统，所以常常需要电池去配合内燃机系统工作；而增程混动的燃油系统已经变成了纯粹的发电增程系统，不具有直接驱动车轮的能力，电池在这里已经成为动力系统的绝对主角。不过即使考虑到这些因素，这两种系统对动力电池的要求仍然比较接近，因此把它们的要求在这里统一做介绍。

能量方面的要求为中－高，因为在这里 PHEV 等车型是需要纯电里程的，而且近年来该类车型还出现了长里程化的趋势——从之前的 100km 纯电里程逐

渐演化到了现在的 200km 很常见（越来越"卷"），所以能量要求肯定高于轻混汽车 48V/HEV、低于纯电动汽车（BEV）。在快充方面，要求比 HEV 高一些（中），因为 HEV 不能外接充电，全靠燃油来提供里程，而在这里是需要充电的，所以充电性能太差当然是不行的——不过因为有油箱，充不满电 / 充得慢一些倒也问题不大。

功率性能和寿命这两个指标的要求都低于 48V/HEV 但是比 BEV 要高，可以定义为中—高。原因也很简单：相比于 48V/HEV，PHEV、EREV 车型的电池容量更大，平摊给每一个电池的功率需求自然要低一些，相应的循环寿命要求也就没那么高了。

最后说一下成本和安全。成本方面要求定义为高，因为现在 PHEV 等车型装车电池电量越来越大，电池成本占比也越来越大，尤其是 PHEV 实际上是搭载了两套完整的动力系统（内燃机及电池），这自然会面临系统成本上的挑战：一边是 48V/HEV 系统（燃油经济高效），另一边是系统非常简单的 BEV（只用电，省去了内燃机系统），PHEV 汽车目前面临的成本压力非常大，尤其是在 2023 年全行业大降价的情况下，PHEV 技术向何处发展仍然是一个需要考虑的问题。

在安全性能方面，我们永远不可以放松要求，因此要求同样定义为高。

5.6.3 纯电动汽车：能量和快充是核心，安全永远不可忽视

纯电动汽车（BEV）里面完全省去了传统上以内燃机为基础的动力系统，全部依靠电池—电机—电控的三电系统来驱动车辆，全车结构高度精练简洁。此时汽车上的动力源只剩下电池了，而且总体来说还是期望电池能量密度可以再高一点，来让里程焦虑问题得到更好的解决，因此纯电动汽车对于能量的追求可以说总是非常高的。

在快充方面，同样因为里程焦虑的问题，消费者需要可以频繁高效地补能，而电池的快充能力也具有一定的提升潜力，因此在过去几年中，快充的重要性日渐明显，大家对快充越来越重视，开发出来的快充能力越来越好的产品因为其产品力也得到了更多消费者的认可。纯电电动汽车毕竟没有燃油动力系统，补能全靠充电，因此对快充的需求也非常高。

在功率性能和寿命方面，BEV 的要求比 PHEV/EREV 要低一点，可以定义为"中"。主要还是因为纯电动汽车的电池一般装得比较"多"，这样平摊给每

一块电芯的功率需求和对应的循环数比起 PHEV/EREV 要小一些。但是考虑到该类汽车使用的电池常常要求很高的能量密度，而对这些高比能体系，要把寿命做上去总体来说挑战会更大，所以在这两方面的性能要求是不是容易达成，具体也要看各体系的发展情况和项目要求，笔者也常见到一些纯电动汽车动力电池量产开发项目，寿命达标有时也会成为项目里的"老大难"问题。

在成本方面的要求也定义为高，因为纯电动汽车电池用量是最大的，电池占整车成本比例也高，所以成本上的压力总是比较大的，再加上之前的供应链波动，大家现在对电池成本也非常重视。

最后是安全。纯电动汽车电池用量大，对能量和快充的要求高，这些方面的性能指标实际上对于安全的挑战会更大，而且更大的电池包在发生热安全事故应对时需要考虑的因素就更多，一旦发生失控产生的后果也更大（毕竟电池用量大）。如前所述，我们认为对于电动汽车动力电池在安全维度的要求整体上就应该是严格的，所以在此就不做明显的区分了。

‖‖▶ 5.7 总结

在本章中，我们介绍了电池的性能指标具体是什么样的，充放电曲线上有哪些核心信息，从单体电芯并联串联得到的电池系统的各项性能指标如何计算，提出了六大性能维度，并针对轻混、插混和纯电三大动力电池应用领域，对其分别在电池六大性能维度的要求做了基本的分析。

电池的主要基础知识已经介绍完了，接下来我们就需要进一步地聚焦于一些更为具体的问题，看目前电池技术进步还有哪些核心的技术挑战，背后的问题与机理是什么，我们可以做什么来解决这些问题，以得到更好的电池。

第 6 章 动力电池技术上的挑战

在第 5 章中，我们重点介绍了动力电池的各主要物理量，它们各自的物理意义，以及动力电池在实际使用场景中有哪些物理性能需要重点关注。结合前面已经介绍的电芯电化学材料方面的背景、电芯结构与工艺方面的内容、电池系统集成领域的知识，以及物理量—物理意义方面的基础，我们在本章中会做更进一步的深化讨论，更详细地介绍目前动力电池技术在发展和实用化过程中遇到的一些具有代表性的技术挑战，这些内容实际上也与电池技术的未来发展方向紧密相连（都是比较关键的技术问题，都需要解决和改善）。本章内容中的很多方面在前面几章都已经有基本的铺垫了，在这里我们会更加系统地介绍，详细地分析这些技术挑战的背景、原因、现状、解决方案和相关技术的未来发展方向。

▐▎▎ 6.1 快充：析锂与热管理是重点，安全很重要

之前已经在多处提及了快充（Quick Charge）是目前电动汽车行业关注的重点发展方向。快充实际上涉及了多个环节的要求，想要做好快充需要在电网、充电桩、电池系统、电芯四个环节分别做好大量的工作，并要让它们之间互相配合好，下面详细地介绍每一个环节中需要应对的核心要求与挑战。

6.1.1 电网：保证随时能够供应上大功率的充电需求

在这里需要强调一个背景知识：电网发电及我们使用电能，都是需要即发即用并时时刻刻进行功率平衡的，即要保证这边发多少，另一头同时就要用多少；如果发/用的功率产出/需求实时发生了变化，两边就只能动态调节以迅速达成新的平衡。如果没有专门的储能系统（比如抽水蓄能以及这几年发展很快的锂离子电池储能，还有液流电池等），电能发出之后只能立即在用电侧用掉，整个电

力系统里是存不了的。因此，发电 / 用电要尽量保证随时的功率匹配，而短时间内急剧的用电功率变化会给电网中的发、输、配、用各个环节都带来压力和挑战——快充就是这样的例子：配电网中一个 200+kW 的快充负载忽然出现，对局部电力系统的影响是不可小视的。考虑到这个需求，我们要在以下几方面做配套优化的工作。

（1）发电侧：增加灵活机组 / 资源（比如：煤电灵活化改造以提高其瞬时功率上升 / 爬坡能力，还可以引入灵活性更优但成本也更高的燃气轮机组）来提高对瞬时功率变化的应对能力。

（2）输配电侧：主要是增加供电容量，提高允许输送功率上限——简单地说就是用更粗、能传输更大电流的电线，发电侧有了大电流，电线也得能够传递到用电侧。

（3）用电侧：一大解决方案就是在快充电站附近增加灵活资源提供支持，比如就地安排储能电池（可以理解为大充电宝），使其可以向充电桩—汽车电池做能量传输，从而减少突然引入快充大负载时对电网运行带来的冲击；如果本地有光伏电站 / 分布式燃料电池电站可以就地发电直接支持充电需求；此外，基于需求响应原理，安排在附近的一些可以随时灵活关闭的负载临时受协调地降功率运行 / 关闭，从而把功率转给此时需求更为急迫的快充负载，这也是一个不错的思路。

总体来说就是一句话：提高瞬时供能能力，以及把不急用的其他需求所需的能力暂时匀过来借用。在这里可以思考一个相关问题：我们常听说手机也在做快充，怎么没发现有这么麻烦呢？这主要还是因为如果只对手机等小电池（容量最多到 10A·h）快充，对电网的影响基本为 0（这种容量的电池需要的快充功率最大也就 0.1kW），这个负载还没有一个吹风机的功率大，当然无所谓。如果再大一点功率到电动自行车之类的话（最多也就是达到一般家用电器的功率等级），主要是做一些输配电安全方面的调整即可，这点功率对于大电网的冲击都是很小的。但是电动汽车目前的快充功率需求动辄 200～350kW，与刚才说的功率完全不是一个等级，所以电网肯定也需要相应地优化改进以提升配合能力。

6.1.2 充电桩：连接电池和电网的桥梁，两边的技术需求都要考虑到

主要影响因素是直流 / 交流充电桩的能力限制，充电桩与电池组的交互，以及 400V/800V 技术路线的影响。

（1）直流（Direct Current, DC）/ 交流（Alternating Current, AC）充电桩的

能力限制：目前对于电动车来说，一般偏小功率（＜ 20kW）基本是交流桩，而功率稍大一点的则都是直流桩了（＞ 20kW，比如 CHAdeMO 是 50kW，特斯拉的 super charge 为 120kW）。交流桩和直流桩一般都需要相应的设计，以满足一定电压－电流的投放能力需求。比如早在 2017 年，保时捷（Porsche）公司就已经推出了 350kW 的直流桩，可以配套其推出的 Taycan 车型满足 100kW·h 电池系统 3C 倍率（对应 20 分钟左右）的快充。

（2）充电桩与电池组的交互：对于直流 / 交流桩，不管是功率输送接口还有通信接口都有一定的标准来与车辆进行准确的对接，实时掌握车辆的情况以进行功率输送并做好随时的动态调整。因此，实际上并不是一个充电桩标定的功率为 50kW 就意味着它会一直以 50kW 给车充电，这 50kW 只是一个可以提供的最大功率，快充时的实际功率是一直在变的，这主要取决于电网本身当时的功率供给情况，以及电动车电池系统实时的情况（温度、SOC 等），这些情况会通过通信系统返回信号给充电桩，两边进行动态的配合，以决定实时的充电工作状态。

（3）400V/800V 技术路线的影响：功率的计算方法为 $P = U \times I$，对于更大功率（P）的需求来说，要么提高电压（U），要么就得提高电流（I）。目前的交流桩和直流桩大多都是 400V 的，而进一步提高充电功率的话，会导致最大电流非常大，就需要用很粗的电线，这对于降低成本（铜电线很贵）和方便操作（粗电线很重，操作起充电枪来不方便）来说并不是一个好的选择。所以，在接下来的发展过程中，既然提高电流不太可取，那就得向另一个方向走：高电压化，即把电压提高到 800V，这也是目前业内比较公认的下一步方向了。当然这也不是一件容易的事：把电压等级从 400V 提到 800V 的更高等级会带来绝缘标准等一系列的相应升级，而且在热失控－热扩散时高压系统与电芯失效时喷出气体 / 颗粒的互相干扰方面也有些挑战要克服，以及充电桩的安全防护、效率提升、功率模块设计、冷却等方面肯定也有一些问题要解决，最后还不能忘了整个电池组系统的配合努力。总体来说，目前 ＞ 100kW 快充技术 / 桩已经有了相当的普及程度，而更高功率等级（＞ 250kW）和电压等级（800V）也基本上是行业发展的大势所趋。

6.1.3 电池系统：热管理是一大核心

主要考虑因素是 400V → 800V 高压化的影响、热管理、BMS 与充电桩的通信互动。

（1）400V → 800V 高压化的影响：一辆汽车中，多节电芯单体串并联组成了电池系统后电压等级一般为 400V，目前市场上的大部分电动汽车也都是采用 400V 的工作电压，电机、电控、充电桩都在这样的电压等级上做好了匹配。随着快充的发展，400V 快充在电池系统方面也有了瓶颈：太大的电流必然要求集流体载流能力更强，但是电池包又要轻量化和小体积化，不可能无限制地用更粗 / 更昂贵、电阻更低的汇流排（Busbar），所以未来同样也要发展 800V 技术方向，以配合充电桩的 800V 快充技术。

（2）热管理：动力电池系统内常常有几百到上千节电芯，在运行使用 / 充电时，电池系统内每一节电芯的温度是不均匀的，这会导致不同电芯充 / 放电能力的明显差别，轻则导致衰减加速（如使用空气冷却的 Nissan 公司的早期聆风车型的电池系统，其寿命普遍不太理想），重则使得局部过放过充，造成安全隐患，严重时会发生热失控热扩散事件并最终发展成安全事故。图 6.1 就是热管理效果不好（左图，温度均匀性较差）与好（右图，温度分布较均匀）的两张示例图，对于一个体积庞大、工作机理复杂的电池系统来说，如果不做好设计和验证工作，系统内产生温度不均匀性并不是什么太罕见的事情，必须加以重视。从目前来看，空气冷却一般只用于偏低端的车型（成本低），而从中端家用车开始，冷却效果更好的液冷已经成了行业内的标配。

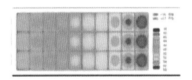 

图 6.1　热管理效果的仿真图

另外，电芯的快充能力也与温度密切相关：温度太低的时候电芯允许的最大充电电流也低，因此开启对电芯的加热功能已经是很多车型的动力电池在偏低温情境下进行快充的必备条件了。而在温度太高的时候，考虑到充电的热效应，快充也会加剧电芯的老化，此时还需要热管理系统对电池进行冷却，以保证各电芯总是处于合理的温度范围内，即温度不能太高也不能太低。

对于更高能量密度三元电池 + 更高功率的充电这一匹配场景来说，液冷热管理已经是行业标配了，而对于包括磷酸铁锂定位上攻到中端市场这一越来越放量的产品系列来说，基本也是全线使用液冷热管理。目前还不太需要液冷的一般都是磷酸铁锂的中低续航里程的车型（比如 A00 细分市场），具有这样电池配置的汽车整体市场定位基本也就是低端——入门级了，不配液冷的主要考虑还是为了降低成本。

为了追求更好的热管理效果，进一步增加热管理与电芯的接触面积，各家都在为了快充要求开发高换热接触面积、高系统集成度、支持快充性能的新一代电池体系，比如 CATL 的"麒麟"电池及 EVE 的"π"电池。传统的电池系统集成上都是采用的有限面积的换热（接触电芯的"小边"/"小面"），常常还要依靠一些导热胶/片等通过狭窄的通道把热量导出，而 CATL、EVE 的新一代快充电池系统几乎都使用了电芯的最大面来直接接触换热，甚至 EVE 还使用了三面接触——其实都是为了让热管理－均温效果更好。此外，它们也在系统简化－集成度方面做了更大的突破，对电池系统的很多结构部件进行了优化和合并（比如"麒麟"电池就把水冷板与横纵梁做了合并），基本上都很好地体现了 CTP 的无模组化思路（图 6.2）。

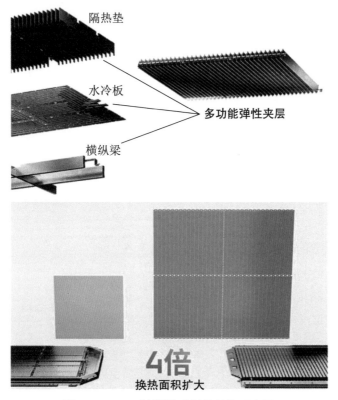

图 6.2　CATL"麒麟"电池的结构示意图

（3）BMS 与充电桩的通信互动：电池管理系统（BMS）可以实时收集、监控电芯/模组的电/温度等信息；在实际充电过程中，BMS 收集各电芯、电池包整体的各种信息，经过分析，可以得出电池系统的工作策略并与充电桩进行互动，以保证充电的功率处于电芯/电池可以应对的工作范围内。

6.1.4 电芯：设计出具有更强快充能力的电芯并挖掘其最大的快充能力

前面在电芯的电化学原理、结构等方面已经大概介绍过快充的原理了，在这里我们要进一步引申出一个核心观点：首先我们要设计出具有更强快充能力的电芯，然后还要想办法挖掘出该电芯的最大快充能力。

（1）在电芯设计方面，实际上快充电芯的很多设计与功率型电芯是相通的，即尽量向着降低内阻的方向走，此时设计的主要方向就是：①适当降低涂布厚度和压实密度（在一定程度上会牺牲一部分能量密度）；②使用功率/快充型电解液（保证更充足的锂离子供应）；③结构设计创新，比如圆柱电芯的极耳结构优化等。

但是快充电芯的设计与功率型电芯并不完全一样，其中很重要的一点就在于快充的核心是不能出现在负极上的析锂反应。如前所述，全电池的电压 = 正极 – 负极，而充电时电池电压上升，此时在电池正极上具体发生的反应是：正极中锂离子脱出，经内电路来到负极，电子则脱出后从外电路来到负极，正极材料电位增高；而负极（常常是石墨基体）上发生的反应则是：接受内电路迁移过来的锂离子，从外电路中得到电子，在此锂离子与电子重新化合，并以一定的反应机理嵌入石墨基体中。在这个过程中会有多种锂–石墨复合相生成（图6.3），随着充电反应的不断进行负极的对锂电位也会不断降低。

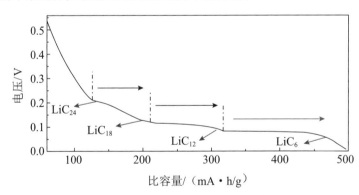

图6.3 充电过程中石墨负极与锂产生的多种复杂相

图片来自：Kinetically Determined Phase Transition from Stage II (LiC_{12}) to Stage I (LiC_6) in a Graphite Anode for Li-Ion Batteries, The Journal of Physical Chemistry Letters, 2018

当负极的对锂电位到达0伏以下，锂（正常）嵌入石墨的反应就会受到影响，此时经充电反应来到负极处的锂就会直接变成锂金属单质析出（Lithium-plating），呈现为树枝状（即枝晶，Dendrite），如图6.4所示。如果只是很少量的话，倒还有可能在后续反应中直接被吸收回石墨基体（这样造成的消极影响很小），但在大多数情况下一旦析锂就会比较多而且很难控制，可能会导致以下更为严重的情况：（1）严重的析锂之后，产生的枝晶大部分都无法再被石墨吸收回去，这些析出的锂一般就会变成"死锂"（Dead Lithium），因为它与负极活性材料基体的连接不畅，无法再回去参与反应，而全电池中的锂储量（Inventory）十分有限，锂少了对于电芯的性能发挥很不利，这也是锂离子电池老化的一个重要机理，即锂储量损失（Loss of Lithium Inventory，LLI）；（2）析锂的枝晶并不是呈现扁平光滑的外观，而是树枝状，并在不断加剧的析锂反应中会基于这些形核点不断向外生长（以此为基础扩展蔓延生长相当于从 1 到多，比一开始发生析锂的从 0 到 1 要更容易、更迅速），可能会扎破隔膜，导致短路，这对于电池安全来说是致命的。

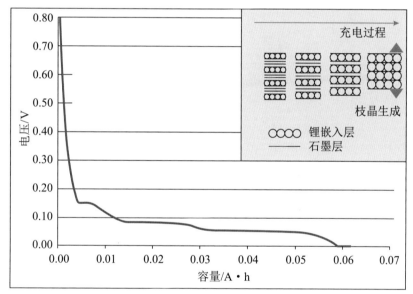

图 6.4　充电过程中随着电芯负极电位的不断降低，发生锂嵌入石墨负极材料的不同反应

因此，要设计快充电芯，负极材料的性能优化非常重要。目前很多家电芯材料企业都在开发专门的快充石墨材料，可以通过扩大石墨层间距、进行表面包覆提高离子电导、使用大小颗粒复配等方式来改善石墨材料 / 最终石墨电极的快充性能，而基础材料的进步才是电芯厂有材料可用、在电芯层级实现相应性能表现的基础。

（2）设计好快充电芯后，应该如何挖掘电芯的快充能力呢？首先还是要强调一点：所有电芯都有自己的最大快充能力，这个能力主要是由该电芯的析锂边界决定的，只要我们能够精确地标定出各温度 / 荷电状态下对应的该析锂边界的工作电流，就可以找到这个电芯快充的极限。而在这个极限范围内充电，电芯经历的老化衰减都可以归类于正常衰减范畴（析锂的衰减肯定是异常老化，我们将其归类为滥用，可以用图 6.5 所示的差分电压分析等检测手段来做详细的老化机理分析）。因此，锂离子电池的老化总会发生，只是有正常和异常两种老化的区别。我们要做的就是避免所有异常老化的发生，并通过性能优化把正常老化的速度降到尽可能地慢。

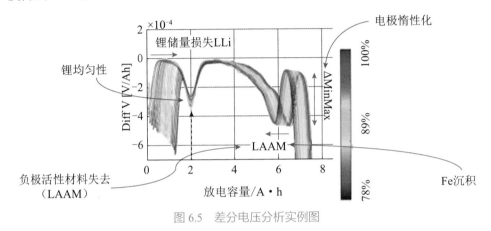

图 6.5　差分电压分析实例图

图片来自：Differential voltage analysis as a tool for analyzing inhomogeneous aging: A case study for LiFePO$_4$ Graphite cylindrical cells, Journal of Power Sources, 2017

　　常用的标定析锂电位的方法就是三电极方法，如图 6.6 所示，即我们要为电池施加三个电极，不仅要连接电池的正极、负极，还要多出一个伸入电芯内部直接连到负极的极片上，看它的对锂电位实际是多少。在前文中已经介绍：全电池在外电路中对其正负极测量得到的电位是该电芯的正负极差值，不能具体反映出此时电芯内部负极和正极的具体对锂电位分别是多少，因此就需要这个额外的第三辅助电极，让我们知道这个电池实际使用时负极电位是不是低于 0 伏（析锂）了。使用三电极时需要把电极伸入内部，这就要求我们专门制作特殊的样品电芯来保证该测试可以进行，如果电芯尺寸太小难以伸入参比电极（比如 18650/21700 电芯就比方形 / 软包要更困难），有时还要专门制备化学体系 / 设计参数与其基本相近的软包电芯（一般几个安时）来作模拟参考研究对象。另外，常要研究电芯内各反应的具体进行情况（析锂其实只是其中最重要的一环），还可以使用其他更加详细的电化学分析方法，包括增量容量分析（Incremental Capacity Analysis，ICA）或者差分电压分析（Differential Voltage Analysis，DVA）

等表征手段，如图 6.7 所示。这些方法可以通过捕捉更为细节的充放电反应中的具体化学反应信息，对其进行更为精细地研究和处理（比如微分曲线分析等），得知在哪些局部产生了哪些电化学反应（常伴随着锂的析出 / 剥离），此时发生没发生析锂行为及其他更复杂的反应。

析锂的行为与以下几个因素密切相关：（1）一般来说，电芯所处的荷电状态（SOC）越高，

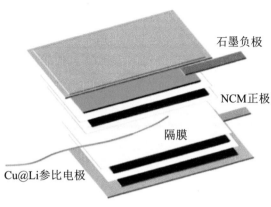

图 6.6　三电极方法标定电芯的析锂电位

图片来自：In-situ determination of onset lithium plating for safe Li-ion batteries, Journal of Energy Chemistry, 2022

允许的（可用）不析锂最大充电电流就会越小，因此，电池系统允许的最大快充电流都会随着 SOC 的提升而不断下降，各家企业电动汽车的允许充电电流随着 SOC 变化的情况一般都是类似的，如图 6.8 所示。这也解释了为什么快充都是开始电流大，充到最后越来越慢，因为这是锂离子电池的本征特性，各家企业用的都是锂离子动力电池，所以表现出基本相同的特点也并不奇怪。（2）随着温度的

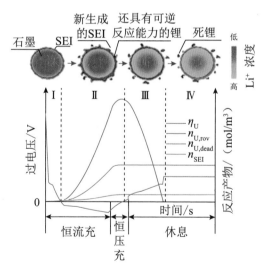

（a）恒流 - 恒压充电后的休息过程中过电压的变化

图 6.7　基于放电时的锂剥离反应可以用于检测和分析析锂现象的电化学表征手段

图片来自：Lithium-ion battery fast charging: A review, eTransportation, 2019

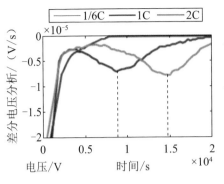

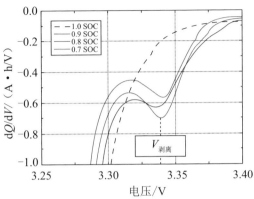

（b）电芯充电后的差分电压分析曲线（DVA）　（c）电芯充到了不同的 SOC 后再以小倍率
　　　　　　　　　　　　　　　　　　　　　　　放电时的增量容量分析曲线（ICA）

图 6.7 （续）

提升，即使是在相同 SOC 条件下，允许的最大充电电流会相应地更大而更不容易导致析锂，这是因为高温条件下，电芯内部的反应动力学活性更好，析锂反应的化学极限可以在更大电流的平衡条件下被触及。所以，很多快充的达成都要依赖于加热条件，而且温度分布一定要均匀，从而让所有电芯都处于相对更高的温度（比如 45℃）就可以用更大的电流进行充电而不会析锂。反之如果我们开始充电的温度比较低（比如零下），此时允许的最大充电电流会更低，充电就十分慢。所以，低温下充电，首要任务是把电池系统均匀加热，从而把每一节电芯的快充能力激活出来，因此很多可以配合快充、提高效率的高效加热/热管理技术也受到了关注，比如长安汽车推出的脉冲加热技术。（3）以上都是针对连续电流的充电工况，实际上常常也会有临时的脉冲瞬时大倍率的情况（比如持续 5～15s 的充电脉冲），这时电芯一般也会有一个允许的短时脉冲最大电流值，而且这个值一般要比同等条件下的连续电流大一些（其实允许的脉冲时间越短，暂时可以快充的电流就越大，而连续电流本质上也可以理解为一个无穷长时间的脉冲电流），这个因素也要考虑，有助于我们针对不同工况找出对应的允许最大充电电流而不会影响电芯的正常工作-衰减行为，保证电芯可以长寿命地使用。

　　综上所述，电池快充需要从电网到电芯多个环节的协调配合：在电网和充电桩方面我们要把快充需要的资源准备好，在电池系统等级方面我们要做好均温、绝缘等防护，在电芯方面我们需要设计出具有更优快充能力的电芯，并挖掘出在不同条件下其充电电流的最大能力矩阵，这样就可以让动力电池的快充能力有一个明显的提升。

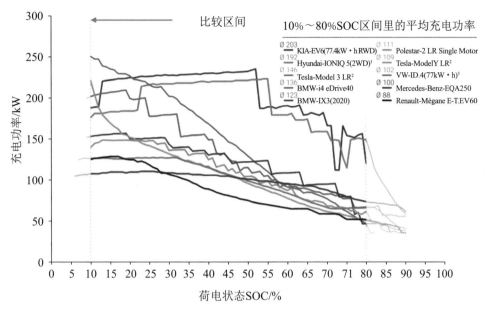

图 6.8　市面上常见车型在大功率充电时，随着 SOC 上升最大可充电功率的变化情况
（摘自 P3 Charging Index 报告）

▐▐▐▶ 6.2　能量密度：单纯把它提上去倒没那么难，问题是其他指标怎么办

　　能量密度和能量的参数指标，对于各种电动汽车尤其是纯电动汽车（BEV）来说非常重要，因为 BEV 整车的能量全部来自电池，而目前"里程焦虑"的问题仍然是大家关注的重点，虽然在过去几年中行业的发展历经了一些反复，但总体上大家还是把能量密度当作核心 KPI，更高的能量密度还是代表了更强的技术能力。虽然电池的能量密度在过去的几十年中一直在不断增长，但是如果还希望该性能指标可以像半导体领域一样遵循"摩尔定律"式的增长，这明显并不现实（如图 6.9 所示），因为各学科背后深层次的物理基础不一样，拿其他领域的规律去硬套电池领域的方法并不可取。

　　提升能量密度常常意味着其他性能维度（之前我们提的六大性能维度中的另外五个）的全面下降，即存在"跷跷板"效应——能量密度提高了，但是常常不能快充、功率差内阻大、循环就四百周、安全性能变差、成本高了很多等。接下来我们就介绍一下能量与其他几个性能之间是如何存在着这样一个类似于互相取舍的关系的（如图 6.10 所示）。

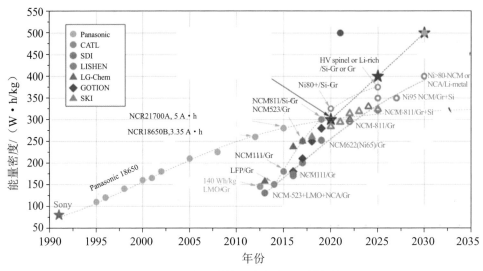

图 6.9　近些年电池能量密度的不断增长情况

图片来自：A Roadmap for Transforming Research to Invent the Batteries of the Future Designed within the European Large Scale Research Initiative BATTERY 2030+

图 6.10　电芯能量密度 VS 其他五个核心指标的"跷跷板"效应

6.2.1　能量 VS 功率和快充

当然在这里并不是要给提高能量密度的方向和成果泼冷水，而是我们必须建立一个全局看综合 KPI 的意识，不能只看能量密度一点而忽视了其他指标，这样才能在审视一个技术的进步性时搞清其"真实成色"到底怎样。同样是提高能量密度，有的企业就做到了各方面的指标基本齐头并进，或者至少相对差一点的指标并没有变得更弱（这个就很棒）；有的企业做出的成果就真的属于"拆东墙"（比如内阻很高，循环寿命就四百圈）"补西墙"了（硬是为了能量密度而提能量密度）。

在这里要强调的是能量密度的第一个平衡点：功率快充性能。前面也介绍了功率快充电池的设计原则，其实很多都与能量型电芯的设计理念存在一定的冲突（比如薄涂布、低压实、高导电剂含量等），但这里的挑战或者说技术含量就在于：我们希望能量与快充 / 功率这两方面的性能可以同时提高，这就需要做一些更精细、更创新的工作，比如：（1）更精确地做电芯 / 全电池的内阻组成拆解，更针对性地找出是哪里、哪个因素导致了内阻增大，在设计和工艺上做相应优化并同时保证减少对能量密度等性能的影响；（2）使用能量、快充等性能更为优异的新一代材料体系，保证最终电芯综合性能的全面提高（比如快充石墨、高性能硅碳负极、单晶高镍等）；（3）使用一些新型的导电剂、电解液材料，实现更少用量下同样达到有竞争力的快充能力，从而达到快充和能量密度的共同提升；（4）在工艺和结构上不断寻找优化的空间，结合详细深入的分析、优化和验证工作做持续地改进。

6.2.2 能量 VS 安全

要强调的第二个平衡点是安全。总体来说，能量密度更高的体系（比如高镍）其材料的本征安全性会更有挑战，这就要求我们在材料化学层面做改性，然后在电芯层面做好安全防护，在系统层面还可以做出整体性的优化改进措施，从而保证最终做出的电池系统具有良好的安全性能。但是这些安全措施多少都会消耗掉一部分能量密度，所以我们要注意：（1）不要片面地追求能量密度，一定要注意技术整体的安全性如何，是不是可以满足国标等标准的要求，不要看见了能量密度的一个亮眼数据后，就忽视了其他性能指标；（2）更高的能量密度尤其是体积能量密度对于我们设计更安全的电池更为有利，因为动力电池作为整车的一个部件，需要满足相应的安全要求（比如防撞等），而电池体积越大，离车身边缘越近，也就需要越厚实的保护壳体，如果我们能把电池体积做小，让它进入更为安全的车身更内部的位置（发生碰撞等事故时距离外界更远），自然可以形成一个正反馈：电池越小，距离危险区越远，在电池系统上就不用厚的外包络保护，从而进一步减小电池的体积。所以，提高电池的体积能量密度对于乘用车的动力电池开发非常重要，甚至比质量能量密度还重要。

6.2.3 能量 VS 成本

还有一个平衡点就是成本。目前有很多新技术在开发，在技术上都会有不错的期望愿景，有的可以高比能，有的可以长寿命，有的……反正新技术就是优秀。但在这里我们要注意的一点就是成本，或者说是否能够规模工业化及之后的成本怎样。很多新技术需要使用的材料其实都是有一些成本问题的：比如要使用昂贵的半导体核心材料；比如现在电池中使用一点钴和镍大家都嫌贵你却连稀土都要上。笔者并不是要给这些新技术泼冷水，而是要提醒读者，很多新技术如果要使用一些新材料体系，我们必须思考：如果这个技术大规模推广，在配套产业链成熟以后成本到底会怎样？如果性能提高不大，成本却一定会有明显地增加，这种技术会是未来的发展方向吗？这个问题需要我们每一个人思考。

6.2.4 能量 VS 寿命

最后再说一下寿命。新的化学体系如更高镍正极和硅负极材料，它们目前的寿命性能还需要进一步提升才能更好地满足更高要求项目的需要，但总体来说现在这些方面的技术进展还可以，做出的材料/电芯的性能指标基本可以满足最新的、更严格的要求了，而且它们还有技术上继续优化改进的空间。另外，更高能量密度化学体系落实到整车层级使用时，要完成相同全生命周期的行驶里程需要保证提供的循环寿命数本来就可以相对少一些（比如同时满足 20 万千米里程，100kW·h 的电池系统比 50kW·h 的要完成的循环数就要少一半）。寿命的优化可以通过电解液、材料技术的不断迭代配合来完成，也要在处理工艺、电芯的使用环境方面都不断地优化才能达到更好的目标值。

6.2.5 小结

能量密度是电池很核心的性能指标，但我们不能只看能量密度。一个好的电池需要各方面的性能稳步携手提升。貌似优秀的产品会把能量密度挂在嘴边而不提其他方面，真正有竞争力的技术会在能量密度提高的同时在其他几方面也同步进步。电池技术的进步并不容易，真正的桂冠需要有竞争力的企业攻克难关后才能摘取，所以共同努力吧。

6.3 膨胀：机械结构件，不关注力学性能怎么用呢

电芯在使用过程中，随着充放电的循环及更长时间的服役使用，在整个生命周期中厚度会不断发生各种变化，这会对其周围的机械环境造成影响，反过来因为电芯与其所处的机械环境在力学上的相互作用，电芯本身的衰减老化行为同样会明显受到周围机械环境的约束和影响。在这一节中，我们就来介绍一下电芯的

膨胀和力学行为，主要需要关注两方面的内容：呼吸膨胀及老化膨胀（其中包括正常老化和异常老化）行为，并且还要关注力学环境对于电芯老化行为的影响。

6.3.1 呼吸膨胀：电芯随着充放电发生的规律、周期性膨胀、收缩行为

在电芯充放电时锂离子会在正极、负极之间来回穿梭，从电芯 / 全电池的总体积来看，满电（100%SOC）和空电（0%SOC）状态下电芯的厚度是非常不同的，一般来说，充满电后的电芯厚度要更厚一些，而空电状态的电芯则要更薄一点。电池的正极材料在充放电过程中体积变化不是很大，但是负极在充电后因为锂离子的嵌入，体积会明显上升，这就是充电后电芯体积变大的主要原因。

在这里还要简单引申一下，虽然一般来说高 SOC 时电芯厚度更厚，低 SOC 时电芯要更薄一些，但是具体研究其实还有很多额外的细节要注意：如果我们把电芯厚度组成进行拆解，会发现厚度的变化量实际上还是主要来自正极材料和负极材料，但是更进一步来说，正极中的 NCM 和 LFP 两大体系材料，它们在不同 SOC 下的膨胀行为并不相同；而石墨负极与硅负极的膨胀行为更是非常不一样，把这些化学体系组合起来，再加上不同的极片设计参数（比如有的活性物质含量高，有的压实要更密一点），以及质量控制情况的差异、服役条件的不同，都会导致不同设计的电芯使用时，即使是正常呼吸膨胀行为的细节也会很不相同，都要做相应的细化针对性研究。更具体地来说：虽然一般高的 SOC 就意味着大的电芯厚度，但实际使用中很多电芯的最大厚度并不出现于 100%SOC 处，而是常常在 80% ~ 90%SOC 出现，其具体机理就不在这里做详细介绍了，更适合在以后更深的专门分析文章中讨论。

前面介绍了影响电芯厚度的主要因素，一般来说还是由正、负极形变贡献得来的，下面就进一步地分析一下，为什么充放电时电芯产生的体积变化现象叫作呼吸膨胀呢？因为如果对电池进行循环充放电测试，让其处于自由无机械束缚状态的外界环境下，随着充放电反应的反复进行，电池就会相应地体现出周期性的尺寸膨胀、收缩的效应，如图 6.11 所示。这个重复的过程看起来很像我们人呼吸时的状态：吸气时肚子膨胀（充电过程），呼气时肚子缩小（放电过程）。要注意的是，呼吸膨胀基本上都被我们定义为电芯的正常膨胀，这与异常的老化和衰减行为都没有太大的直接关系。但是随着循环充放电次数的增多，从图 6.11 中可以看到，电芯的体积变化曲线在整体上移，这就意味着电芯的基础厚度相比一开始的初始值已经明显变大了，这里就要介绍下一个机理了：正常老化膨胀。

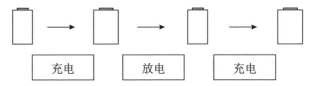

图 6.11　呼吸膨胀：电芯充放电时的正常体积变大 - 收缩现象

6.3.2 正常老化膨胀：我们希望尽量抑制但是又不可避免

在电芯使用的过程中，单次正常充放电后回到之前 SOC 状态时，理想状态下电芯的尺寸会恢复到和循环这一圈之前基本相同的尺寸，测量起来基本没有区别。但是如果积少成多循环很多周之后，再测电芯的尺寸就会发现：咦，怎么这个电芯好像逐渐地"长个"了呢？它的尺寸在逐渐变大，但它的容量等参数指标似乎变化不是很大（或者有很小幅的衰减，但是比较缓慢 / 偏线性的，继续使用问题不大），也没有出现性能的骤降跳水行为（图 6.12）。

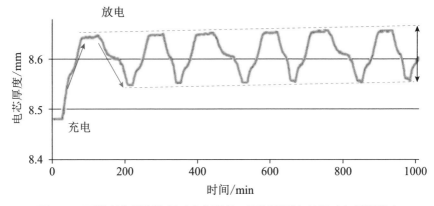

图 6.12　正常老化膨胀的尺寸变化现象，可以看到电芯尺寸在缓慢增大

图片来自：现代关于软包电芯膨胀的研究结果，知化汽车

我们将这种老化体现出的膨胀现象定义为"正常"，是因为该现象对于所有电芯来说都是必然要发生的，并没有哪个环节没有设计 / 执行好要为此现象"背锅"。电芯不断地充放电（对应循环寿命），伴随着充放电过程中的锂离子脱嵌反应，材料局部会有应力产生。随着不断循环，有的材料颗粒表面可能反应开裂，内部结构局部逐渐产生微小坍塌，暴露出的活性物质颗粒内部产生的新表面会与电解液发生额外的反应，消耗电芯中有限的锂储量，即锂储量损失（LLI）。而在高温下存储（对应日历寿命）时，同样也会发生负极和正极表面与电解液的

缓慢反应，表面的保护层（比如 SEI）逐渐破坏，这也可能造成锂储量损失现象的发生。在上述的 LLI 过程中，材料颗粒内部结构也会发生少量的破坏，颗粒表面开裂暴露出内部，再与电极液反应后还会生成新的 SEI，这些反应都会消耗掉一些原本可以用于进行充放电反应的活性材料，即另一个老化机理：活性物质损失（Loss of Active Materials, LAM）。以上所述的这两个机理，都是导致正常老化以及有时产生相应膨胀的原因。

更进一步地定性评论一下：电池的"生老病死"总是一个正常的现象，电池材料就像一个生命体中的核心器官 / 部件一样，任何材料都有自己的寿命，正常老化是不可避免的。但是具体说来不同材料的优化程度不同，再加上电芯设计的差异和生产质量控制的不同，即使都在正常使用条件下，有的电芯可以有很长的寿命（如 5000 圈），有的电芯本来设计的就是 800 圈的寿命，有的可能质量差，100 圈就不行了，都要具体来看。

所以，我们要优化电芯设计，寻求最长寿的材料，让电芯也可以经受最长久的日月考验。正常设计、生产得到并在正常条件下使用的电芯体现出来的大多是正常的衰减及膨胀行为，可是有时电芯用起来容量忽然就明显衰减 / 尺寸急剧增大了，这是为什么呢？

6.3.3 异常老化膨胀：这个是必须努力避免的

正常膨胀是在使用过程中，电芯循环很多圈后或者在一定条件下存放一段时间之后，电芯尺寸逐渐变大的现象，此时其他的相关性能比如容量等也会相应地有一个缓慢的下降行为，但是过程都比较平缓，没有急剧的变化，一般也会认为这个现象是不可避免的。

接下来要引出的现象就是异常老化：电芯在服役 / 静置一段不长的时间后，尺寸明显迅速地变大，常常也伴随着容量和内阻性能的急剧恶化，经常几十到一两百圈电芯就已经达到寿命终点（的判据）了，这个现象则是我们必须努力避免的——它会明显影响电芯的正常使用（一百圈左右的寿命放在哪个场合都是很难合格的），而且还会带来严重的安全后果。那么异常老化的机理主要是什么呢？

（1）与前面提到的老化机理相同的 LLI/LAM，但是因为材料性能 / 电芯设计 / 生产工艺带来的问题，其严重程度明显超过了一般正常可容忍的范围。比如使用的新型硅负极材料包碳不到位反应动力学受了阻碍，表面保护层有缺失，电芯的负 / 正极比没有调好，电解液没有用对，比如生产中水分控制不好，电芯水含量超标等情况，这些因素／场景都可能在不同环节上导致电芯在服役过程中老化加速，进一步发生明显过快的体积膨胀。

（2）析锂。析锂在快充条件控制不好时就很容易发生（比如高 SOC 和低温条件下），但是析锂的发生不见得 100% 都是快充条件的问题，有时可能是电芯在设计和生产时没有把细节考虑到位，所以表征出所谓的析锂边界并非是这个电芯真实的析锂能力，即析锂边界没有探明准确。发生析锂时，锂枝晶会在负极表面析出，这首先会导致电芯的体积膨胀，后续会发生进一步的反应，不管是这些锂金属的新鲜表面再与电解液反应生成新的 SEI，还是因为析锂导致的进一步的连锁反应（之前电芯中配好的反应体系的各物质平衡量被打破，偏离正常的反应都会逐渐发生并在反应强度上常常会自强化加剧），都会导致电芯体积的进一步膨胀，以及相应容量等性能的快速恶化，更不用说析锂可能造成局部短路带来的安全隐患了。析锂现象对于电芯正常使用是重要的"敌人"，一定要努力避免其发生，把各方面的应对措施考虑到，还要思考出现该现象后如何找出根本原因，保证这种现象不会再出现。

（3）产气。当电芯材料和电芯设计出现问题及生产过程产生了一些质量控制问题（比如引入了水分等）时，再叠加前面提到的一些恶性反应机理，电芯使用时会发生明显的产气现象，导致电芯膨胀：因为电芯内部是全密封的，不能与外界发生气体交换，产生了气体整个体积就会像"吹气球"一样胀大。要注意的是，一旦发生了产气现象，电芯的恶化会很快自加剧：因为气体产生后必然要集中在电芯内的一个区域，而这个区域的活性物质——与电解液的联系必然被剧烈影响，该处局部反应的不均匀性就会明显变大，这会让电芯内部设计好的各种化学配比和反应物质平衡继续偏离原来的轨道，从而在下阶段进一步产生各种不希望看到的反应和产物，此时多生成 SEI 和进一步产生气体就都不意外了，而这也会导致电芯体积进一步快速膨胀，如图 6.13 所示。在这个异常老化过程中受到这些因素的严重影响，整个之前设计好的物质配比、工作机理都会被明显地破坏，那么发生容量、内阻等性能指标的急剧衰减也就不奇怪了。

那么异常老化带来的安全后果主要是什么呢？

从机械角度来看（电池毕竟也是一个机械部件），异常老化首先就会超出整个结构设计的允许应力，这样轻则会导致模组等的严重变形，使电芯和模组发生机械失效，并影响周边的结构及电气零件功能的正常发挥。更大程度的变形会让以上问题进一步放大，发生热／机械／功能安全方面的严重问题，并可能直接导

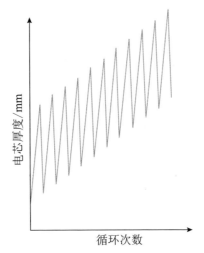

图 6.13　电芯异常老化膨胀的尺寸变化现象的示意图

致局部 / 整车的安全事故的发生，可以说是非常可怕的。

此外，在电性能角度，异常老化会导致电芯性能的急剧"跳水"，这常常会发生在我们设计好 / 期望的电池生命周期终止（End of Life, EOL）之前，这会直接让这块电池 / 这辆车在性能上提前报废，对于用户的体验无疑是极为糟糕的，而且还可能带来安全风险，所以必须对此加以重视。

6.3.4　力学环境的影响——最优的力学束缚环境可以带来最好的寿命

为了改善电芯的膨胀行为，并且考虑到电芯作为一个机械件总是要被置于模组 / 系统中，必然会受到机械固定约束，因此研究清楚电芯的膨胀行为及其与周边约束发生的相互关系，就成为学术和工业界研究的一大重点。总体来说，虽然各种电芯的封装方式、材料体系、设计参数不同，经过研究大家还是达成了一个公认的结论，即适当的应力束缚（压应力，范围是 0.01 ～ 0.2MPa，可能更多适用于传统的化学体系和电芯设计，更新一代电芯的最佳参数还要进一步摸索）可以使电芯内部结构受到一个紧实压力，这有助于改善内部颗粒之间的接触，促进反应动力学，并对潜在要发生的膨胀反应 / 应力 / 应变提供一个反向对冲，从而使膨胀得到良性地抑制，这样条件下电芯的性能发挥会更好，电芯整体寿命也会更长，比起无应力和大应力束缚情景下的表现要好很多。如果应力太大，反而会导致内部应力过大、颗粒过度紧密堆叠反应通道堵死、有时会发生颗粒异常开裂等情况，所以绝对不是压力越大越好，而且过高的压力对于机械结构设计的挑战也太大。

这里提到的最优压应力对电芯寿命有利其实只是一个非常概括化的一般规律，具体在不同电芯上如何适用还是要详细研究，尤其在最优应力值如何定量方面，更是需要具体问题具体分析。如前所述，电芯膨胀行为的影响因素非常多，软包、圆柱、方形三种封装方式电芯的表现就很不一样，不同的正负极、极片设计参数、生产质量控制导致电芯的实际膨胀特性常常千差万别，所以具体每一种电芯的膨胀行为怎样，怎样去优化，什么力学环境对其性能发挥、寿命保持最为有利，都需要进行详细研究，不同电芯之间的最优应力探索时发现的规律可以互相参考，但是最优的参数很难完全一样。此外，目前业内像锂金属电池等新技术的正常使用常常需要配套极大的应力环境（比如 MPa 级），对于这些技术的实用化都是有一定的挑战的，降低达到最优性能需要的应力值或者开发新一代的可以提供特别应力环境的模组 / 系统设计都是可以尝试的思路。

6.3.5 小结

电芯归根到底也是一个机械结构件，占据了电池包中的大部分体积和质量，其力学性能和行为必须受到关注。电芯在使用过程中，存在着伴随充放电行为的呼吸膨胀现象，长时间服役还会发生正常老化膨胀和异常老化膨胀现象。我们需要对这几种机理都做深入地了解，知道如何应对和克服存在的问题和挑战，并且也要清楚：电芯的膨胀行为非常复杂，受材料、设计、质量、环境诸多因素的影响，不应该有"一招鲜"四处套用的简单应付心理，一定要认真详细地分析每个现象的深层次原因和背后的机理，针对性地解决问题，这样才能在机械性能层面提供充分的保障，让电芯发挥出最好的性能。另外还要说明一点，电芯的异常膨胀常常伴随着性能的急剧衰减，但是反过来电芯性能急剧衰减时却并非总是体现出明显的异常膨胀行为，这一点要格外注意。

6.4 热失控与热扩散：这是近年来对电池安全关注的真正重点

近几年来，大家对电池安全尤其是热安全的关注越来越多。随着 GB 38031 关于热失控 – 热扩散 "5 分钟" 要求的推出，中国实际上已经在动力电池安全标准的定义领域走在了世界的最前面，甚至最近一年多来，进一步提高对此 "5 分钟" 要求的动向也一直在业内流传。在这样严格要求的高标准背景下，相应的国内企业的技术也在迅速迭代演化。与以前燃油车方面中国企业常常要向国外企业学习的刻板印象不同，反而是很多国外的企业紧跟中国市场的动向，在电池热安全方面要过来取经，所以如果说中国动力电池行业目前在热安全的研究和技术开发上走在了全世界的前面并不过分。

说到热失控和热扩散，我们首先要明确它们的定义是什么：

热失控（Thermal Runaway，TR），即单节电芯因为一些反应等原因，发生了温度上升且不能够控制住的现象。

热扩散（Thermal Propagation，TP）也叫热蔓延，即电池系统中的很多节电芯依次发生了热失控行为，单节电芯的热失控行为在电池系统中扩散蔓延开来。

下面我们就来分析单节电芯热失控和系统热扩散的原因及应对策略。

6.4.1 单节电芯热失控：三个温度要牢记

对于单体电芯的热失控行为，我们常用图 6.14 所示的这种图来描述其过程：如果我们把电芯放在一个绝热量热仪中（Accelerated Rate Calorimetry, ARC，是目前该领域用于对电芯进行热分析的标准研究仪器/表征手段），隔绝外界的影响并缓慢加热，然后记录整个过程，就得到该电芯的 ARC 数据曲线：横轴为时间，纵轴为温度，在衍生数据图中纵轴还可以换成温度对时间的一阶导数（即温度变化速率）。典型的 ARC 曲线如图 6.14 所示，从中可以得到待研究电芯很多热方面的细节数据和信息，我们一般会定义三个特征温度：T_1、T_2 和 T_3。

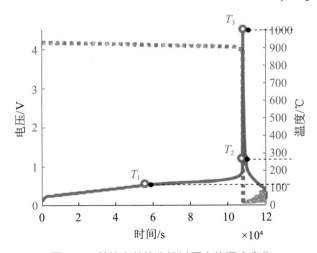

图 6.14 单体电芯热失控过程中的温度变化

图片来自：Mitigating Thermal Runaway of Lithium-Ion Batteries, Joule, 2020

T_1 即电芯的开始自加热温度。电芯在室温和一般高温下是稳定的，不会自己产热，但是随着温度的升高（常常发生在 90～110℃），负极上的 SEI 等保护层被破坏，负极材料就会暴露出新鲜的表面并开始与电解液反应，此时电芯逐渐地失去稳定性，并因为这些反应会自产热，所以电芯开始自发温升，我们通常将电芯的自加热温升速度大于 0.1℃/min 时对应的温度定义为 T_1。

T_2 即电芯热失控起始温度 T_2。通常我们将电池温升速度大于 1℃/min 时对应的电池温度定义为 T_2。在 T_1 到 T_2 的阶段里，负极老化 - 结构破坏反应会逐渐加剧，而且还伴随着电芯内部其他更多的反应和结构的变化，比如正极尤其是三元材料开始释放氧气、正极也开始参与和电解液的反应、隔膜等开始有些局部收缩的现象等。此时整个电芯内部的反应速度明显加快，如果在这时不能用一些更激烈的冷却 / 抑制手段来降温 / 阻碍反应的加剧，电芯会很快地自加热，而快速的自加热又会导致电芯内部的各种结构更快地坍塌、隔膜破坏、正负极电解液等更为显著地直接反应，从而急剧释放更多的热，整个反应进入一个自加速的阶段，就很难再控制住了，即在热方面的行为已经开始彻底失控。

T_3 则是电芯热失控过程中达到的最高温度，可以用来表征电池在热失控过程中的放热量。从 T_2 开始，因为电芯快速自加剧的放热反应，电芯内部的反应快速进行，电芯温度迅速升高达到的最高温度就是 T_3。在达到 T_3 后，电芯内部各种材料的互相反应基本已经充分，再放出的热就比较少了，此时随着已产生热量向环境中流失，电芯的温度也会逐渐下降，整个反应就趋于尾声了。

6.4.2 单节电芯热失控的触发机理

随着加热过程的进行，电芯内部材料发生破坏和互相反应，然后再随着更高温度下隔膜的坍塌、短路等事件发生，电芯内的放热反应会加剧。所以，在整个过程中，加热肯定是热失控事件的一个触发机理。但是还有其他机理吗？当然有，其实要触发热失控，主要有三条路径。

（1）**热路径**：加热触发导致原本稳定的材料互相反应，隔膜坍塌导致短路等现象会进一步加剧材料之间的反应，释放更多的热量，整个反应具有一定的自强化性。

（2）**电—热路径**，即一开始并没有给电芯施加热量，但是因为电气方面的一些滥用，同样可以触发热失控，比如：

过充：对电芯不停地充电，使其超过截止电压上限（对应 100%SOC），之后电芯中会发生很多新的复杂反应，主要就是正极处于极度脱锂的氧化态，导致释氧等反应的发生，而负极也会开始大规模地析锂，导致电芯中的各组分会处于化学活性很高的状态，很容易产生一系列新的反应并放出大量的热，进一步加剧反应，最终导致热失控。因此，这种触发机理是从电开始，但之后会落到热的机理，最后的失效还是一个热失控的过程。

内短路：电芯内部因为焊接、极片切割不良等引入的铜等杂质，或者发生析锂，在使用过程中可能会扎破隔膜造成短路，进而引起局部发生正负极的不受控反应，迅速产生大量的热，这个过程同样是从电开始，因放热反应加剧，最后以热失控终结。

需要强调一下，这两种代表性的电气滥用触发热失控的机理，有的时候是我们刻意为之用于滥用测试的（比如过充测试、引入异物的内短路测试等，都是专门用于触发热失控的方法），可以用于表征和评估遇到一些极端条件时电芯是否能够保障安全底线，在一定程度上也为真实场景中有可能发生的极端情况做了兜底验证，而在正常情况下使用电芯当然不会过充。但问题是：如果 BMS 哪天坏了呢？如果系统温度不均导致有的电芯没充满，而有的电芯过充了呢？如果系统中各电芯老化速度不一样，有的没充满同时有的就过充了呢？这些事件都不是很罕见的现象，而是在电动汽车使用实践中大量发生过的情景。更何况安全无小事，对任何哪怕很小的可能性我们都要做好预案，提供基本的安全保障。

（3）力—电—热路径。最初的触发因素从电提前一步到了力，简单说就是一开始的触发是一个对电芯结构力学上的影响 / 破坏，比如针刺（Nail Penetration，NP）、挤压（Crush），它们的共同点就是：导致电芯结构的破坏因素（力）造成了局部的短路现象（电），然后和电—热路径一样：短路后发生各种反应急剧放热，导致热失控—电芯失效。

以针刺为例，这是目前大家熟知的一种力学上的热失控触发手段，宁德时代曾经与比亚迪就这方面进行过互怼，就三元电池和磷酸铁锂电池哪个更安全等引起了一场全网关注的大讨论。但是，针刺实验对应的实际工况还是比较罕见的，电池包都有一个刚性的外包络，不太可能发生一个外来的大钉子透过几层保护扎进电芯这种情况。所以说针刺当然是一个研究电芯本体安全性能及触发热失控的手段，但是考虑到该测试与电芯在实际使用中面临的滥用行为 / 可能风险相差甚远，笔者也认为过于关注这个实验的意义不大（图 6.15）。

最后要强调一点，单体电芯的安全固然重要，但电池系统整体性的安全才是

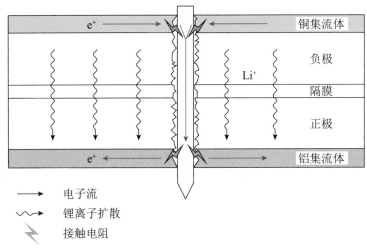

图 6.15　针刺实验造成短路的机理示意图

图片来自：Experimental study of internal and external short circuits of commercial automotive pouch lithium-ion cells, Journal of Energy Storage, 2018

我们关注的真正核心，把电池系统安全做好了才是最有意义的工作。过于聚焦于电芯单体的安全性的意义并不大，举一个例子做比较：单纯把汽油从燃油车里拿出来，不也是一把火就着吗？但这并不影响经过整体设计的燃油车系统展现出的安全性。看安全还是要看系统最终集成后的结果，所以接下来我们要进一步地看一下电池系统整体安全方面的考虑：电池系统是如何在单体电芯发生热失控后进一步热扩散的，以及我们可以在系统层面如何进行应对？

6.4.3　系统热扩散的过程和机理

在一个电池系统中，因为某些原因 / 触发条件（如力 / 电 / 热因素），单节电芯会发生热失控，温度经过 T_1、T_2 后迅速上升，有时电芯的最高温度 T_3 会达到 800 ～ 1000℃，这会释放大量的热，而对于很多电芯来说 T_2 也就是 150 ～ 250℃，所以单节电芯完全热失控后放出的热（如果没有周边专门的导热 / 隔热措施），一般足够把相邻的第二节甚至更多电芯给"点着"，然后第二节电芯也发生热失控，这样的链式顺序反应会在空间上沿着一节节电芯蔓延开来，电池整个系统也就会发生一个比较顺序性的热失控—热蔓延反应。

但是要注意的是：上述这种一节节顺序发生的热蔓延反应其实是比较理想化也相应比较好应对的情况。首先在单节电芯与相邻电芯这一方面，我们可以做很多防护应对措施（在 6.4.4 节中会详述），比如隔热材料气凝胶，比如把冷却系统提前开启把热量导走等。实际发生的热扩散事故一般就没有这么理想了，常常是另一种情况：因为单节电芯发生了热失控，首先它会在 T_2 附近就打开泄气装置使之失效，然后把电芯内部的电解液（很多会气化变成气体）、固态反应物、气态反应生成物喷射出来（这样可以延缓电芯的后续内部加热升温反应），这些物质很多都会停留在电池包内部的狭小空间里，然后与高压系统（汇流排等）发生相互作用：高压系统的绝缘——电气间隙原本适用的是一般的空气环境条件，现在环境中充满了这些物质，满足以前绝缘要求的间隙环境发生了明显的变化，此时再施加一个高电压（电池系统中广泛存在）就特别容易产生新的电路导通，从而产生电弧（Arcing）——引爆热失控喷出的可燃物现象（爆燃）。一旦发生该现象，热蔓延反应的新"爆点"就会变得不可预知：前面提到的比较规律的顺序发生反应的预期就没了，有可能电池包中会发生"四面开花"的反应，整体热蔓延的速率会大大加快，这对于我们抑制该现象的任务来说无异于噩梦，当然也是我们必须重点克服的难关，这部分我们会在 6.4.4 节中重点详述。

6.4.4 系统热扩散的应对措施和策略：电芯层级和系统层级

前面介绍了电芯和系统层面发生热失控—热扩散的过程和机理，我们现在进一步阐述应该如何应对这方面的挑战，有哪些具体的措施可以采取。

电芯层面能做的一个是对电芯内部的各种组成材料进行优化，一个是对电芯结构进行创新。

（1）材料方面，可以针对每一个热安全方面的不稳定机理做针对性的改性工作。针对三元正极材料的释氧问题，现在就有很多工作在做：比如通过包覆和改性来降低高镍材料的释氧倾向；比如改善电解液的活性，目前有很多新的安全添加剂在开发，以保证一些不利的反应在发生前就可以被消弭于无形；比如各种陶瓷涂布结构的使用（隔膜），它们可以起到支撑和提高隔膜强度、吸收掉少量电芯内部不良杂质的作用等；甚至干脆使用本征更为安全的材料，比如很多高安全体系电池目前使用的磷酸铁锂、高电压中镍三元体系都是这个思路的典型代表。

（2）结构方面，像方形、圆柱电芯本身就集成了不少结构元件，其中很多具有安全防护的功能。比如保险熔断结构（Fuse）可以在一定的电流/温度下自动切断电气连接；比如在一定内压力下可以打开泄气装置（Vent）把内部压力排出去，防止因为内部压力过度积累、后面过于集中释放而导致更为严重的后果。这些经典的防护措施早已被考虑集成到系统的整体设计中，为电池系统的安全提升做了很大的贡献。

在系统层面，近年来国内各企业都非常"卷"，很多企业早已不满足于"5分钟"的要求，大家都在积极地推出无热扩散（No Thermal Propagation, NTP）技术。虽然各家起名不太一样，但是基本的思路都很相似，主要包括：

（1）电芯结构创新及与电池系统结构的匹配。前面提到了热失控时电芯泄气产生的物质会影响绝缘间隙，导致拉弧，最终使整个热蔓延现象不可控，即泄气与电芯/模组/系统的电连接/高压处会有安全上的相互干扰，为了优化这一点，很多企业目前正在推出热—电分离的电芯/系统结构设计。比如蜂巢的"龙鳞甲"电池：传统电芯一般是电气连接（极柱 Terminal）与泄气（Vent）都在一侧，而这种电芯的结构设计则是泄气朝下，极柱放在侧面，系统也在底板上与朝下的泄气配合做了导出流道，使排出的气体可以尽快离开电池包内部，以尽量降低拉弧现象产生的可能性。这样的设计具有一定的创新性，对安全性能也会有明显的提升。

（2）电芯间/模组间/系统中的关键保护位置增加隔热材料。这当然是为了隔绝/延缓热量迅速传导到周围的结构，为我们采取各种其他应对措施争取时间，防止热失控反应太过迅速地扩展开来。在这里可以使用的材料一般要求轻（质量考虑）、薄（体积考虑）、便宜（成本考虑），比如各种泡棉、气凝胶等都是目前重点发展的方向。此外，这些材料如果能集成一些更为复杂的温控作用机理，比如引入相变材料等，就可以使整个材料的性能乃至于系统的表现更上一层楼，在这方面已经有很多研究工作在做，并且工程化的进展也已初见曙光。

（3）发生危险的早期，增加开启冷却装置导走热量。目前的电池系统中安置的各种传感器在 BMS 的指挥下基本可以实现对单节电芯发生热失控的预警，然后 BMS 就可以指挥冷却装置开启，通过冷管/板把单节电芯产生的热迅速导走，从而直接消火降温，不危及周边电芯发生热失控，即从发生蔓延反应最开始就把危险扑灭在萌芽状态。

（4）泄气导出，宜疏不宜堵。前面提到单节电芯是有泄气的，这对于提前释放压力、避免后期电芯内部积累更大的压力和更多物质集中释放很有好处。单节电芯泄气后会把电芯内部产生的这些气、液、固混合物喷出排入电池包，只要电池包中设计了专门的泄气通道，此时就可以及时打开与外界连通，从而把这些压力、热量和物质导出，防止之后电池包内发生温度、压力的积聚及潜在的与高压系统的互相干扰——拉弧现象的发生。

（5）对于高压电气件的绝缘保护。同样与拉弧现象有关，在一般情况下当然这些高压电气零件还是比较安全的，但是考虑到热失控后在电池包内可能会充满各种物质产生新的环境因素，这些零件就要达到更高一个层级的绝缘要求，对表面进行各种材料的包覆提高绝缘保护等级就成了很典型的应对措施。

（6）新型传感器的使用。电池系统里主要的传感器还是温度和电压探头，而且考虑到实用性、空间和成本等因素，其用量也不会太多（比如一个模组中常常装两个温感，不可能每一节电芯各装一个）。而热失控过程常伴随着各种复杂的现象发生，比如温度异常上升，比如在 T_2 左右忽然泄气使电池包内气体成分 / 压力发生变化，比如电芯使用过程中早就发生了一些膨胀，这些都为我们使用相应的传感器来探测感知、用于最终实现热失控的提前预警并及时做出应对措施提供了先决条件。所以，动力电池用的气体 / 压力 / 应力传感器技术目前也在不断地发展，未来有希望帮我们做出更安全的电池。

（7）基于软件 / 数据 / 云平台 /AI 分析的提前预警系统。实际上电池运行过程中总会有大量的数据产生，而对这些数据进行分析学习、发掘电芯老化和发生危险的规律、找出提前预警的判据是非常有意义的，很多公司都做了大量的工作。中国也基于此，依托北京理工大学建立了新能源汽车运行的数据平台，对各车企各车型的运行情况进行数据收集和安全监控，也有助于以后更好地管理和使用数据。近两年随着 AI 技术的发展、ChatGPT 的推出，社会各界对于人工智能进行数据分析寄予了越来越高的期望，在这方面的技术也在不断发展，相信未来技术会逐渐成熟，为电池安全更上一层楼做出贡献。

最后还是要强调一点：电池系统的安全不是通过以上一个单独的因素达成的，一般都要靠各板块的通力配合协作才能达成，团队合作是电池系统安全的核心精神所在。

6.4.5 小结

以上几节介绍了单节电芯热失控和电池系统热扩散的概念，从反应机理上分析了电芯热失控的过程，其间电芯内部大概会发生什么反应，触发热失控有哪些不同的路径。在系统方面则说明了系统应对热扩散问题的复杂性，以及我们要从多方面入手来解决系统安全的问题。并强调：安全无小事，热安全是电池安全的根本问题，单体电芯的安全固然重要，最核心的还是要提高系统的整体安全性能。而动力电池包的热安全最高水平就是无热扩散（NTP）。要达成这一目标，靠的不能只是单个因素/技术，而是要把系统作为一个整体去考虑，把各因素统筹协调到一起共同发力才有可能实现。随着电池技术的不断进步，推出了更高能量密度体系和快充电池，对电池系统安全性能的优化工作也提出了更高要求，对这方面的探索和突破的任务也是永无止境的。

‖‖ 6.5 总结

在本章中，针对快充、能量密度、膨胀、热失控/热扩散四大技术挑战进行了介绍，对于机理、应对策略等有了一个全面的基础分析。动力电池技术都很深地涉及多学科的核心知识（Know-How），不同的电池和使用环境中的变量因素很多，而且研究起来涉及的学科知识领域也非常多，所以我们一定要坚持学习，并重点针对新的材料体系、系统技术和应用场景，不断地迭代更新我们的理解和认识。另外，我们还要意识到电池技术还在不断发展，新的要求和更高的期望还会不断出现，对技术的改进和要求永无止境。其实电池诸多方面的性能都能够、也需要继续进步，所面临的重大技术挑战也不仅限于本章重点介绍的四大方面，这里说的只是最有代表性的四个领域而已。所以，还希望行业内的各位同仁一起为电池技术的不断发展共同努力，为中国动力电池工业的技术进步奋勇拼搏。

第 7 章　各种先进技术

在之前的章节中我们对动力电池的工作基本电化学原理、核心材料、封装工艺、制备流程、电池系统组成构造、背后的物理意义及目前行业面对的几个典型技术挑战分别做了介绍。这些章节总体来说针对的还是比较经典的锂离子电池技术体系，毕竟目前在动力电池甚至扩展到整个二次电池的实际应用中，锂离子电池仍然占据了压倒性的市场份额，是绝对的主流技术。而锂离子电池技术的具体细分化学体系虽然也一直在发展迭代（比如正极的中镍→高镍，负极的石墨→硅等），但这些化学体系发展都是基于之前的技术继承和升级得来的，因此迭代的新一代技术仍然还属于经典的锂离子电池技术体系。

虽然在过去的十年中锂离子电池在性能、成本、工业化方面取得了巨大的进步，但是总体来说大家对动力电池的各方面性能一直有着更高的期望——能否有充电更快、能量密度更高、更安全、成本更低的下一代电池技术带来明显的突破呢？

动力电池在性能上还有很多需要提升改进的空间，能量、快充、膨胀和热安全就是最有代表性的几种，其他方面也有一些问题需要解决。在这样的背景下，社会各界对电池新技术的应用与突破就有了很高的期望，而且电池领域在最近十年中受到社会各界的关注也越来越多，各种关于电池技术突破的报道也屡见不鲜，比如："三分钟充满电""7秒钟充电跑35km""循环寿命一万次"等诸如此类的信息不胜枚举。但这些新闻经常是出现一下引起一阵讨论热潮，几天后就没有消息了。再过1年、3年甚至5年后，这些进展就像消失了一样再无后续。

这些技术如果真的如新闻报道中提到的那样性能突破十分明显，很容易可以实现对于现有的技术的压倒性优势，那么为什么没有后续了呢？

这些技术常常是研究所、学校做出来的，它们在工业化转化方面具体遇到的挑战又是什么样呢？

这些技术的种类非常多，从电容器到石墨烯、从固态电池到液流电池、从钠离子电池再到锂空气电池，可以说基本上覆盖了行业内（工业＋学术界）关注的所有重要的研发方向，它们分别有什么优缺点呢？

在我们之前提到的六大性能维度的综合评比中，这些技术的表现到底如何？目前在工业化实用化方面实际的进度如何？遇到的最大挑战是什么？如何评价其工业化方面的潜力呢？

带着这些问题，在本章中我们将对各种新型电池技术的技术情况和发展现状分别做介绍与分析。

||||▶ 7.1 电池的命名规则

在这里要先做一个铺垫：电池一般都是怎么命名的？目前总体来说，各家企业给电池起名的动机/依据可以说是五花八门的（学术界相对要更保守一些），很难有一个特别统一的叫法。但是，以其最重要的活性物质/工作机理/干脆怎么酷怎么来命名，可以说是命名时最常见的三大流派了。

7.1.1 以最重要的活性物质命名

用正极材料命名的比负极材料的实例要多得多，主要还是因为很多电池的负极都是一样的（石墨），此时不同正极的使用会明显影响这个电池的性能水平，所以正极是最重要的活性物质，因此就用它们来命名了，比如：三元（镍钴锰/NCM）电池、磷酸铁锂（LFP）电池、钴酸锂（LCO）电池、锰酸锂（LMO）电池等。说句题外话，其实像当年的比亚迪声称的铁电池，以及特斯拉现在开发的锰电池也是这个大类，但属于相对不太严谨的缩写（应该分别对应磷酸铁锂和磷酸锰铁锂，就是不如铁电池和锰电池顺口倒是真的），业内在严谨场合中一般还是更喜欢用正式的正极材料的名字来称呼。

当然用负极命名的也不是没有，比如使用钛酸锂负极的钛酸锂电池（正极搭配三元的比较多，不过钛酸锂技术目前已经少有关注了），以及负极不用石墨基体而是用锂金属的锂金属电池。

7.1.2 以工作机理命名

就是使用该电池的最基本的工作机理来命名，比如锂离子电池（依靠锂离子在电池内部穿梭在正负极之间的反应来可逆充放电），液流电池（正、负极的材料呈现液态，通过泵体支持流动到界面处反应，进行能量的存储和释放），固态电池（电解液－内电路传质机理从液态变成了固态，这似乎不能算是核心机理，但也算重要的技术改进，而且业内早已认可了这个叫法，因此暂时把它归于此类），铅酸电池（把最核心的反应物及反应机理放在这里来命名，比较直观）等。

7.1.3 干脆怎么酷怎么来

这种命名方式主要是系统级的电池包用的更多，比如"龙鳞甲"电池、"大禹"电池、"π"电池等，此时基本就比较随意了。一个电池系统会有核心设计理念而且还有很多元件 / 设计元素，可能就抽出一个特点、不一样之处就命名了，或者是怎么好听怎么让人印象深刻就怎么来。这里基本已经脱离了技术领域范畴，起名的考虑全面向品牌营销方向靠拢了。所以，其实业内并没有一个特别明确的命名规则，真的就是只要传播的效果好，叫啥都行。

但是在单体电芯方面，考虑到电池单体本身工作机理和核心材料非常确定，再怎么酷怎么来就问题比较大了，而且业内对这方面过度制造噱头的思路也普遍不太认可，比如："石墨烯电池"。

笔者在"石墨烯电池"方面有过很多分析评论（网络搜索可见），在后面的"石墨烯电池"一节中也会有更为系统的介绍，在这里主要还是想说一下对石墨烯电池命名的建议：目前所谓的石墨烯电池都是在传统的锂离子电池中增加石墨烯做电导剂来增强功率性能（但是这样造出的电池能量密度常常不高），石墨烯起不到任何其他核心功能，而且添加量又少，对于整体电池性能的提升极其有限。如果该材料没有对电池性能的优化起到决定性的作用，又非要拉着它命名，除了利用名头来炒作，个人想不出还有什么更多的理由来支持这样命名。

7.1.4 小结

总体来说，该行业中，以主要材料和主要机理来命名是主流，偏向于营销型的命名对于电池系统来说也可以理解，但是对于单体电芯来说严谨不足、炒作有余，不值得提倡，"石墨烯电池"就是一个典型的代表。

▐▶ 7.2 锂金属电池：并非"最新"技术，却是若干前沿技术方向的重要基础

一般的锂离子电池使用的是石墨负极，在充电时石墨可以作为容纳锂的基体材料（Host），而如果充电制度控制不良或者电池制备出现质量控制问题，在充电时就容易出现析锂（Lithium Plating），即充电时负极处产生的锂无法嵌入石墨基体，因此在石墨表面以树枝状的枝晶（Dendrite）析出，这会导致严重的问题，比如锂损失、容量损失、短路及更严重的安全事故等，因此在一般的锂离子电池中，锂金属的析出都是我们要避免的。

背景回顾到这里，那锂金属电池又是什么呢？锂金属电池电芯里面其他体系与传统锂离子电池没有明显区别（还是正极、电解液、隔膜等结构／材料），但是在这里的负极要摆脱掉传统石墨基体材料，直接让锂金属在集流体上附着（当然具体操作上也有一系列具体的优化应对措施，比如在集流体上做出一系列 3D 集流体的支持结构和成分来帮助锂金属更好地反应／沉积等）。这样的电池因为不需要使用石墨（嵌锂容量是 360mA·h/g），可以直接使用锂金属的高理论比容量（3720mA·h/g），因此整个电芯的体积、质量比容量可能会有明显的提高，理论上对于提高能量密度的愿景来说是非常诱人的。

该技术目前的挑战主要是什么呢？其实还是析锂——锂枝晶问题。这可不是一件新的事情，而是来自锂离子电池行业领域多年来积累的经验或者说是教训。在锂离子电池初步开发出来的 20 世纪 80 年代，最初大家使用的负极其实就是锂金属而不是石墨，但是后来发现，使用一段时间后电池总会发生起火爆炸等问题。一开始大家以为这是质量控制问题，因此在提高品质管控方面下功夫，但无论如何提高，发现锂金属负极（以当时的技术水平）电池的确解决不了这个问题，直到 1991 年 SONY 的吉野彰先生（Yoshino Akira，2019 年诺贝尔奖获得者）提出了石墨负极这一概念后，解决了负极使用材料在锂金属方面的（当时算是本征上的）瓶颈，锂离子电池技术才算是补齐了短板，开始大规模工业化使用，进入我们的生活并推动了很多行业的革命性进步。

当然，电池技术在最近的 30 年来已经发生了许多进步，现在的技术与 20 世纪 80 年代相比早已不可同日而语，加之行业对高能量密度技术的更高需求，以上因素都为我们重新复兴锂金属电池技术提供了天时、地利、人和的条件。在最近几年中，醚类电解液、3D 集流体、固态电解质等技术的发展都为锂金属电池的

发展提供了新的支持。目前使用锂金属的电池的循环寿命、安全性比起 30 年前已经有了明显的提升，在小容量（5 ～ 20A·h）和高比能（350 ～ 450W·h/kg）电芯方面，在无人机等细分高端领域中已经初步实现了商业化。不仅如此，锂金属电池技术在动力电池领域目前也取得了很多进展，很多企业都在针对该技术进行示范开发。

再总结一下该技术的情况：在能量密度方面目前它可以取得相对于锂离子电池体系的优势，但在其他几方面还有待于进一步地改进。

（1）寿命方面，虽然已经有了一些声称 300 ～ 400 圈循环能力的电芯，但这样的寿命是不是可以稳定复现，是否可以验证并在更复杂的汽车使用工况下还可以保持，以上的问题还有待跟进和进一步明确。

（2）功率和快充方面，总体来说锂金属电池的反应动力学要比传统锂离子电池更为娇气，在这两方面性能的短板很明显还要进一步改进。

（3）安全方面，锂金属本征性容易产生枝晶是一个严重问题，我们使用锂金属负极肯定需要让其尽量保持光滑的表面而不是生成尖锐的枝晶，这个问题其实到现在还没有得到根本解决，因此锂金属电池的安全性能还是需要进一步改进；而且锂金属还有一些其他问题，比如在 80℃左右时的软化问题（锂金属质软熔点低），这些都是安全方面的巨大挑战。

（4）成本方面，目前锂金属电池可以省去石墨基体（石墨本来就比较便宜），但是却要使用新的电解液体系（成本有一定增加），集流体不见得能使用传统的简单铜箔（需要更新的材料比如 3D 集流体，以及一些合金化材料 / 保护镀层等，这些材料更为昂贵）。最重要的是：负极要使用锂金属，锂金属的成本远高于锂盐 / 石墨等材料，这会导致成本的明显上升。而且，不仅要用更贵的锂，锂元素的总用量还少不了。目前锂金属电池使用锂金属都要过量（真正的无锂金属过量，即"Anode Free"概念目前还处于很早期的阶段，反观传统锂离子电池锂 / 负极的用量都是严格控制的），即使是锂金属少过量的体系开发起来目前也有不少的技术挑战（过量的锂金属电池相对容易做一些）。要知道：用锂金属就已经比较昂贵了，如果负极还要锂金属多过量，锂金属电池面临的成本压力就可想而知了，不仅如此，使用过量的锂金属还会导致能量密度大打折扣。

综上所述，锂金属电池其实不是一个全新的技术，最近几年随着行业对高比能电池日益明确的需求及技术的进步它被再次复兴，但是技术上的挑战依然明显：除了能量密度上可以带来优势，在其他所有性能的维度上都面临着明显的挑战。想要真正扩展它的应用领域，需要我们正视存在的各方面挑战，真正倾听其潜在应用领域中客户们的真实需求和声音，并针对性地克服存在的困难和问题，这样才能真正地提升该技术的实际水平，为技术的应用打开更广阔的空间。

▐▊▐ 7.3　固态电池：定义略玄，期待很高，需要证明自己及做好工业化

7.3.1　电解质固态化的潜在好处

传统锂离子电池中要注入电解液，以承载锂离子在电芯内部（即内电路）的迁移。如果可以把这些电解液固态化，换成可以导通锂离子的固态电解质，得到的这个新的电池就可以被称为固态电池。那么电解液固态化后变成固态电解质对电芯有什么具体的好处呢？

（1）安全性提升。传统锂离子电池的电解液使用的主要是碳酸酯类的液相材料，它们在高温下与正负极会有加剧的各种反应，会气化，具有可燃性，这对电芯的热稳定——高温下的性能会有很大的影响。如果换成固态电解质，这些电解质材料不管是有机体系（聚合物如 PEO 等）还是无机体系（氧化物、硫化物），比起传统液态电解质在常温和高温下都要更稳定，而且在气化燃烧方面的影响也要更小，所以使用固态电池技术制备安全性能明显提升的电池，一直以来是大家对固态电池技术的核心期望。

（2）能量密度提升。固态电池因为使用了固态电解质，可以期望其安全性有明显的提升，因此我们就有了条件和本钱去尝试更为激进的化学体系，比如更高含量的镍三元正极、硅负极，以及锂金属负极。锂金属电池可以与固态电池有一个交叉重叠，即电解质为固态电解质、负极为锂金属的固态锂金属电池。这样搭配的优势在于：固态电解质总体来说具有比传统电池的隔膜－电解液组成部分更好的机械强度（比如常是致密的有机膜状物甚至是氧化物陶瓷膜），这对于抵抗潜在的锂枝晶的生长这一核心需求，是有基础原理方面的可行性优势的。

基于以上两点，固态电池技术可以说是最近几年来，电池技术领域新方向中"最靓的仔"，网上关于固态电池突破的文章非常多，国内外也孵化出了很多有竞争力的初创公司，各大电池企业也几乎都布局了这个方向的研发。在过去几年中，固态电池企业都有了长足的发展，初步打造出了自己的技术体系和一些有一定竞争力的产品。当然了，不能只报喜不报忧，固态电池技术面临的挑战也要在这里说一下。

7.3.2 固态电池技术面临的挑战

（1）固态电池的概念。如果严格按定义来说，把电池中的传统液态电解液（一般用量为每 $1A \cdot h$ 有 $1 \sim 2g$）全部去除的才能算作"全"固态，即我们说的 All Solid State Battery（ASSB），里面不能有一点液体，但是目前真正在做全固态方向的，实际上只有纯硫化物电解质体系及纯氧化物体系。而纯氧化物方向基本上只能用溅射工艺做点薄膜电池，给动力领域用几乎是遥遥无期。

硫化物体系电芯的制备生产工艺的确很有新颖性，与传统体系非常不一样，其主要步骤是成膜、堆叠、压实等工序，其中当然也就没有液态电解液的使用。但总体来说，硫化物体系目前发展还是相对缓慢，例如丰田公司在该体系电池的推出上也已经"跳票"多次，实际上在实用化道路上进展比较快的还是聚合物、氧化物电解质，以及它们互相复合的体系。但这些体系其实还是会使用液态电解液，而且在使用量上还处于一种说不清楚的状态，所以目前业内常用的一个形容 / 归类概念就是混合固液电池（Hybrid Solid State Battery，HSSB，或者 Semi Solid，总之概念上与 ASSB 相对），很多企业会声称自己的电芯通过原位固化反应将电解液中的相当一部分固态化，但这个转化的比例有多少，转化后呈现为胶态的电解质应该算固态还是液态，实际上还是一笔糊涂账。更有甚者，业内很多企业已经把固态电池的概念给玩坏了，有的只要在隔膜上涂一层聚合物（是不是电解质不敢确定），就已经敢说自己是固态电池了。其实严格说来这样做也不能算太离谱，因为混合固液电池从来就没有一个 100% 严谨的定义标准，而且验证什么算固态、还有多少液态电解质残留就不算传统液态电池，目前都没有一个严格的标准。从这个意义上说，只要降低了电解液用量、引入了固态电解质材料支持的改良电池体系都可以算入广义的（混合）固态电池的范畴。

（2）固态电池在性能方面存在的问题。其实站在用户角度来看，什么是固态这个问题在某种程度上并不重要，我们不用一定要知道这里面用的东西是什么，只要这个东西好用就可以了。这就需要我们的固态电池去和传统的锂离子电池直接打擂台，在几个性能维度上真刀真枪地拼。目前笔者查到的情况是：固态电池方面推出的先进指标产品在能量密度和安全性上总体来说比对应的传统体系有一定提升（优势有多大不好说），但是在循环寿命和内阻、快充性能方面却有一定的劣势。

一是能量密度方面的优势。需要注意的是，固态电池的固态电解质本身是不能提供能量 / 容量贡献的，它只能通过支持我们使用更激进的化学体系、电池结构设计来间接实现高能量密度，况且目前的电解质氧化物密度大（质量重），不管是氧化物还是硫化物想做到像传统隔膜一样薄到 10 μm 左右的厚度还是比较困难的。所以要是真想参考目前（基于液态电解质的）锂离子电池的结构设计，做出一个结构很像、所有锂离子电池已有结构优点都可以保持又结合了固态电解质各种长处的超级性能固态电池还是比较困难的，因此很多固态电池目前还没有展现出比传统锂离子电池明显高一大截的能量密度，这一点就不那么奇怪了。

二是界面内阻问题。不管是使用全固态（没有液态电解质），还是使用半固态的电池体系，使用固态电解质当然可以期望其安全方面可以带来的潜在优势。但是总体来说，固（电极材料）—固（电解质）的界面比起固（电极材料）—液（电解液）要难做不少，界面结合内阻的优化可不是一件容易的事；更何况电池要反复充放电就意味着锂离子的迁移、正负极等材料的体系在使用中要不断发生动态变化，这对保持固—固界面的稳定性提出了非常严苛的要求。因此，目前的固态电池普遍内阻偏大，想做大功率和快充也是难上加难，在长时间循环后界面因为应力导致的失配、破坏则是其循环寿命不够理想的本征原因，所以各学术机构、企业都把固态电池的界面问题视为最核心的研究课题。

三是安全方面需要解决更为急迫的问题。实际上目前行业对于电池安全的最大痛点并不是单体电芯的针刺实验，而是 GB 38031 的热失控—热扩散标准。整车的电池系统在一节电芯发生了热失控后，该现象不会迅速蔓延开来才是我们对安全要关注的核心点。而在这一方面，固态电池尤其是里面还有些液体使用的混合固液电池能否为我们提供解决问题的答案，这一点好像还不是那么清楚。总体来看似乎各方面的开发验证工作还处于一个比较早期的阶段，笔者还是期望看到在此方面更为具体的成果。

四是工业化与成本问题。任何技术如果最后没有性价比，它总是很难真正推广的。因为我们对固态电池的期望肯定是要早日工业化，尽快在汽车等领域中大规模使用，此时就不得不关心如何大规模生产、如何控制成本的问题了。对于混合固液电池，似乎与传统电池生产工艺差别不大，但其中还是有一些材料不太一样，相应在一部分工序上也要有调整，设备也有相对应的少量变化，但是对于混合固液电池目前常见的材料体系，使用氧化物的陶瓷电解质（比如 LLZO 锂镧锆氧材料等）加上一些新型可固化的电解液体系（成分不详）是常见的解决方案。这两大类材料结合后工业化的难度会有微小地上升（毕竟用了新东西，需要摸索相应的工艺参数等因素，而且传统的工序并未得到精简），成本上也看不出可以比传统电池更便宜的理由（以前该用的还要用，还加上了这两大类新的成分），那此时就要看得到的电芯的性能在综合表现方面是不是足够优秀、能否值回这些新加的成本和工序了。对于处于发展更早期的硫系电解质技术来说，整个工艺还在摸索阶段，像硫化锂这样的核心原料还是比较贵，不过如果该技术真的能产生突破，可能整个电池的生产制备过程会有很大程度地简化，这个在成本上的潜在优化愿景还是很诱人的。

7.3.3 小结

笔者在本节中详细介绍了自己观察到的固态电池行业目前发展的情况，该技术的确有能量密度和安全方面的潜在优势，但是我们也不能忽视电池设计和性能提升的深层次逻辑，要明白电池为什么可以达成高能量密度，内阻和固—固界面的优化对于固态电池技术有多大的意义，在安全性方面我们要注意哪些核心因素，以及工业化和成本对于任何新技术的应用都是不得不认真考虑的问题。

说了这么多，可能有的朋友认为笔者的视角有些苛刻，对固态电池要求过高。但是我想说的是：固态电池其实承载了大家对电池技术进步的急切需求和殷切期望，在过去几年中得到了社会各界的大量关注，甚至是资本的大量涌入和支持，因此我们也需要这些新技术的开发者们能够真正更深层次地考虑工业界的实际需求，做好对应的优化和匹配工作，对固态电池技术不断优化、扬长补短，这样才能使其真正走上实用的道路，毕竟我们对新技术的期望一定是最终见到产品，而不是只见到新闻。

7.4 锂硫电池

锂硫电池一般使用锂金属作负极，硫 / 碳复合材料作正极（不是一般的磷酸铁锂、三元体系）。锂金属在前面我们已经介绍过了，那么这个硫 / 碳复合正极又是怎么回事呢？

硫（Sulphur）单质同样可以容纳锂离子，其理论质量比容量可以高达 $1675mA \cdot h/g$，即使复合了碳成为复合材料之后也常常会有每克几百毫安时（肯定明显高于石墨），所以该体系的第一个优点就是能量密度高。此外，硫元素本身在地壳中的储量十分丰富，完全不用考虑像三元材料中镍、钴元素的供应问题，因此其在成本及可持续发展方面的潜力是巨大的。当然该材料导电性不是太好，所以要用好该正极材料，就需要对它进行常见的对低电导材料的改性处理工作，比如纳米化（降低传质距离）及碳复合（提供结构支撑＋电导）等。作为一项新技术，锂硫电池还存在着一些问题需要解决。

7.4.1 体积能量密度

硫元素的质量比容量数据很好看，但是该材料密度低，再加上因为电导率差更需要纳米化处理，因此最终得到的复合正极材料一般会呈现出比较蓬松的结构，做出来的电池常常是质量能量密度数据很好看（400W·h/kg 以上的不少），却不太敢提及体积能量密度（比如 500W·h/kg 的电芯，体积能量密度常常只有 800W·h/l：质量比能量达到 500W·h/kg 已非常牛了，但 800W·h/l 这个数据实际上与一般锂离子电池的性能也差不多），这一点对于非常重视体积能量密度的动力电池来说可以说是致命的，这也极大地限制了该技术在汽车领域中使用的潜在可能性，但在其他领域中则有可能更快打开应用局面，比如无人机等。

7.4.2 循环性能差

锂硫电池在使用过程中会发生不断加剧的"穿梭效应"（Shuttle Effect），即反应中会生成易溶于电解液的多硫化物（中间产物 Li_2S_x），并穿过隔膜向负极扩散，与负极的金属锂直接发生反应，最终造成电池中有效物质的不可逆损失、很低的库伦效率，以及最终电池寿命的衰减。因此，目前锂硫电池从本征核心机理上还一直需要解决副反应——循环寿命的问题，当然最近几年来这方面已经取得了一些进展，很多研究组／企业通过表面包覆、使用先进隔膜材料等对策，明显改善了寿命相关性能并且有了初步工业化的尝试，比如已经有一些中试级的样品可以做到 10A·h 级及 400W·h/kg 的指标并且循环性能达到了几百周。但是总体来说，循环寿命的优化仍然还是锂硫电池技术需要解决的核心问题，想要应用到动力电池领域、达到相应的要求也还有很长的路要走。

7.4.3 安全方面的性能有待评估

锂硫电池技术相比于之前说的锂金属、固态电池研究时间要更短，与汽车领域的对接更少，很多都没有经历过汽车领域中严格的安全方面的验证工作，因此其在这方面的表现是需要进一步研究的。而且该技术遇到的挑战非常明确，比如硫正极具有可燃性、醚系的电解液溶剂沸点和闪点均低，还有使用锂金属所面临的枝晶这些本征安全的问题等，都需要提出相应的解决方案。

7.4.4 小结

总之，锂硫电池技术相比于锂金属、固态电池技术目前还处在更早期的发展阶段，虽然具有能量密度和成本上的潜在优势，但在其他性能维度上还面临很多挑战。从目前已达成的综合指标来看，该技术似乎更符合无人机等领域的定位，在动力电池方向的应用是否合适还有待进一步地明确。但是锂硫电池本身的质量能量密度及可持续发展－成本方面的优势的确诱人，所以我们也应该在技术方面持开放态度，持续跟进该技术的发展及工业化的进程。

7.5 锂空气电池

锂空气电池一般使用锂金属作负极，空气催化剂电极为正极，因为充放电反应主要涉及的是锂金属与（空气中的）氧气的可逆反应，因此也常被称为锂氧电池。该电池在放电时，通过受控的反应，空气中的氧会与电池中的锂金属化合成 Li_2O_2，从而释放能量。该电池的主要优点在于极高的理论能量密度，该化学反应如果算入 O_2 的质量，理论能量密度上限可以达到 3500W·h/kg 以上，如果只算 Li 的话（O_2 理论上可以靠空气来提供，可以不计入电池体系的总重量），该电池能量密度的理论上限可以达到 11000W·h/kg，这些上限值比起锂离子电池的数值高了很多。

然而实际情况是：目前锂空气电池的实际水平除了能量密度有优势以外（也常常没那么大），其他方面的性能都远远不如锂离子电池，究其原因就是：锂空气电池可以理解为锂金属电池和燃料电池的“杂交产物”，两边的优点和缺点都会继承，具体的问题主要有：

（1）空气中的氧气利用起来没那么简单：锂空气电池是可以用空气中的氧，问题是空气中的其他东西也可以与锂金属反应，包括且不限于 CO_2、H_2O 及更少量的污染物比如 CO、SO_2 等，这就比较麻烦了：如果要保证不被这些杂质气体干扰就得用一个过滤器滤掉这些气体以灰尘等，这个过滤器要花多少钱，怎么更换，要不要算入电池系统的总重量？有的实验室做锂空气电池的实验时其实是用氧气瓶供氧来解决这个问题，这当然好了，副反应基本排除了，但是做电池系统如果挂氧气罐，质量要不要算进去，安全保护怎么设计（氧气助燃），这些都是大问题。

（2）空气催化电极的反应动力学。同样类似于燃料电池，要使用空气电极催化，克服动力学的壁垒来完成各反应过程，这比锂离子电池的反应复杂多了。从反应的动力学上看，这种催化反应在动力学方面会更迟缓一些，如果想让它像锂离子电池一样具有随时大功率变化、一会充、一会放的能力，那真的很难办到，也不现实。

（3）反应体系的复杂性。在锂空气电池中，锂和氧的反应有很多中间步骤，也涉及了气-固（氧气催化）及各种固-固反应界面优化的问题，而且问题也比较大。其实目前在业内对这些反应还没有形成一个完全的共识，细节的反应机理上有很多争议。从本质上来说，锂空气电池即使只考虑机理研究，目前也还在很早期的阶段，相比于锂离子电池的基本化学原理都已经被大家摸索出，并有共识认可的相对成熟状态（即使这样很多细节和新体系仍然还有不少问题需要探索），这里的研究还有很长的路要走。如果基础研究的铺垫还没有做完，就指望它很快实用化，这个并不现实。

（4）催化剂的使用还是绕不过，需要依赖贵金属。你看用个钴就已经嚷嚷成这样了，这要是大量用铂再大量铺开，难度可想而知。

综上所述，锂空气电池是有理论上很诱人的前景，但也面临着很多类似于燃料电池的缺点，即使只从基础研究方面来评判，它距离技术上的成熟还比较远，工业化就更没法在现在这个阶段讨论了。因此，我们还是需要戒骄戒躁，把一些基础问题先解决掉，然后才好期待该技术的大发展。

ⅢⅠ⏵ 7.6 石墨烯

关于"石墨烯电池"的命名问题，在前面已经做了介绍，这里我们更进一步来看技术，为什么说这一类技术并不靠谱。

7.6.1 用在超级电容器中：能量密度非常低

在过去的几年与石墨烯相关的新闻里，提到快充放的占有大多数，但是真正敢说"石墨烯电池"的容/能量有明显提升的却很少。这主要是因为石墨烯的本征特性（二维纳米材料，高比表面积）决定了其在超级电容中应用的希望比在锂离子电池中要大一些。一般来说超级电容器的功率密度高于锂离子电池，它可以实现快充快放这一点无误，但是其能量密度（$1 \sim 20W \cdot h/kg$）远低于锂离子电池（$150 \sim 300W \cdot h/kg$）。通俗地说：如果你用超级电容做电动汽车的话充电可以很快，但是一次充电后跑不远，续航里程会非常糟糕（预估小于50km）。

由此可见，即使是应用石墨烯相对靠谱一点的超级电容器领域，在理论上仍然存在能量密度明显不足这样的硬伤（声称石墨烯电池 / 电容容量可以提高 30% 以上的信息可信度都极低，因为一无反应机理，二无参比具体数据，三无产品实测分析结果）。实际上，电容的高功率特性在汽车启动、电网与可再生能源平滑输出方面的用处很大（石墨烯电容在此可能会有较广阔的发展前景），但这时主要用的是其高功率的优点。在这里我们还是回到核心的能量密度需求场景，针对此类需求目前市面上最为合适的技术还是锂离子电池，那么如果是石墨烯用在锂离子电池中呢？

7.6.2 用在锂离子电池里：一个导电剂的盛名之下

在这里就先说结论：石墨烯如果用在电池中，基本当不了活性材料，目前主要作为一种辅助材料，即锂离子电池中的导电剂，但是总体来说只是一个"添头"，承担不起这么高的期望。

（1）石墨烯完全不可能当活性材料吗？在锂电池中，石墨烯也不是完全不可能用于正负极的活性材料，但一定要考虑到石墨烯本身制备步骤烦琐，性能也差，完全不能与价格便宜量又足的石墨材料相比。如果用结构完美的石墨烯做负极材料来取代容量 360mA·h/g 的石墨，其理论比容量最多是石墨负极的两倍（720mA·h/g），但首次效率低得吓人（毕竟表面一堆各种暴露和氧化后生出的新的基团），性能受表面状态影响极大，那么问题来了：这时为什么不用硅？用石墨烯总不能只是为了用而用、只图个好听吧？因此，在锂离子电池中石墨烯更实际的主要应用方向也就是导电剂了，那么用在这里有什么问题吗？

（2）成本问题。石墨烯作为薄层化的石墨，继承了石墨材料的层状结构和良好的电导性能，所以从逻辑上作导电剂是没有问题的。不过，传统导电剂炭黑、乙炔黑这些材料都是论吨卖的（一吨几万元），论克卖的石墨烯哪天能降到这个价格？即使按照某些媒体报道的石墨烯降低到 3 元 / 克，换算成吨也要 300 万元 / 吨。要知道，现在锂离子电池用的各种材料，价格都是一吨几万到十万左右，还承受着社会各界要求降价的压力，用石墨烯替代完全不现实。

也有企业声称自己的石墨烯可以逼近一般炭黑和石墨的价格，其实此时使用的材料就是石墨微片（可能有几十层），根本不是单层或数层的石墨烯。此时厂商的问题就是虚假宣传炒作概念了，诚信方面要打一个问号。

（3）工艺特性不兼容。石墨烯比表面积过大，会对现有锂离子电池的分散匀浆等工序带来一大堆工艺问题。如果电池厂调工艺会非常麻烦，又没有性能指标突破性进步带来的足够的利润空间驱动，厂家不会愿意上这个技术。石墨烯表面特性受化学状态影响巨大，批次稳定性、循环寿命等都有很多问题，目前来看无法满足锂电池生产很多细致的要求。

关于石墨烯对于调浆实际工艺的影响，有美国橡树岭国家实验室（Oak Ridge National Laboratory）与 Vorbeck 公司（有名的石墨烯业内厂商）披露的研究成果，他们发现石墨烯对于浆料工艺的性能有很消极的影响，如图 7.1 所示。

ORNL Manufacturing Demonstration Facility
Technical Collaboration **Final Report**

Feasibility Demonstration of Graphene-Based Lithium Batteries with Enhanced Charge Rate and Energy Storage Capacity[1]
Vorbeck Materials Corp.

Project ID:	MDF-TC-2013-027
Start Date:	7/22/2013
Completion Date:	8/15/2014
Company Size:	Small business

在扣式全电池中，NMC-石墨烯高倍率性能提升显著，但是NMC-石墨烯浆料的保存限期比较短，下一步反应改善石墨烯浆料的稳定性
做成软包后，NMC/石墨烯浆料的一系列问题暴露了出来

Summary
Vorbeck Materials Corp. and ORNL partnered to demonstrate the compatibility of Vor-x® graphene in existing roll to roll manufacturing processes, and the feasibility of Vor-x® graphene to improve the recharge rate in existing Li-ion battery chemistries. In full coin cell tests NMC (Lithium nickel manganese cobalt oxide)/graphene cathodes demonstrated a 7% improvement in discharge capacity at 1C and a 200% improvement at 5C compared to NMC/carbon cells. NMC/graphene slurries demonstrated short shelf life which limited the team's ability to demonstrate these improvements in pouch cells. The projects results provided valuable information to Vorbeck for their next development step to make slurries more stable and to allow the technology to be tested in future efforts.

图 7.1　石墨烯对于浆料工艺的消极影响

（4）石墨烯是可以做导电剂促进快充放，理论上可以提高倍率性能，但如果分散工艺不到位混料不均，一切都是空中楼阁；另外碳家族物美价廉的材料多得很，并不存在非要使用价格昂贵的石墨烯的理由，很多其他材料目前在工业化上的进展明显快于石墨烯，比如碳纳米管导电剂配合硅负极这一技术路线。而且石墨烯是 2D 材料，并不能像碳纳米管材料一样很容易形成交联的导电网络，如果把它展开与电极活性物质复合，有时反而因为二维面积太大，会堵塞锂离子扩散的通道。因此，真要将石墨烯投入使用，到底有利还是有害，其实不太好说。

7.6.3　小结

最后再说一句题外话：石墨烯只是众多纳米材料中的一种，在过去的十几年中，纳米材料科研界常常过分倾向于造噱头和"灌水"，工作的可重复性常常都很差，所做技术与实用化目标脱节十分严重，这一现象已经广受科研界中一部分有识之士及工业界的诟病。所以在这里，我们还是希望电池行业要多一点实干，

少一点噱头，并且在新技术开发方面，多听听产业界的声音和下游市场的真实需求，少一点为做而做的功利式工作和包装的陶醉式营销，这样才能把一个技术真正地从实验室带到工业界，做出有竞争力的产品，真正改变我们的生活。

▌ 7.7 钠离子电池

锂离子电池技术路线对锂资源的依赖性一直是行业里讨论的一个重点，而2021、2022 两年的锂价疯涨更是让业内人士捏了一把汗，也正是在这段时间中钠离子电池（Sodium-ion battery 或 Na-ion battery，后面简称"钠电"）的概念迅速取得热度。钠与锂是碱金属同族元素，在形成相应的离子电池时设计起来很像，工作机理方面可以互相借鉴，材料体系也很相似，所以开发钠电池可以借鉴锂离子电池工作方面很多已有的积累，但也有很多不同。比如钠电的正极材料常使用层状金属氧化物（类似锂离子电池的三元材料），但在这里主要使用 Cu、Mn 等元素，与锂离子电池的 Co、Ni 做主力就完全不一样；比如负极使用的是硬炭而不能用石墨（这里完全用不了石墨），而且正负极都可以用铝集流体等。

钠电总体来说在摆脱对锂金属的依赖及原料的低成本化方面的确有很多优势和潜力，目前初步的结果也证实了这一点，而且一些基于物料生产清单（Bill of Material，BOM）分析的研究也说明了考虑到整体材料可以更便宜，从长期来看只要技术成熟、产业链配套、可以大量出货，钠电的成本是有希望比锂电池还要低的，其潜在的 BOM 成本优势见图 7.2 所示。

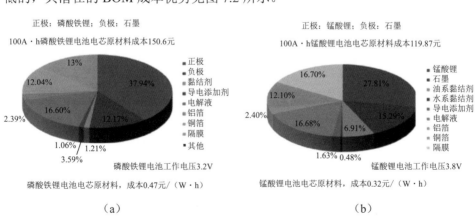

图 7.2　钠离子电池潜在的 BOM 成本优势分析

图片来自：室温钠离子电池技术经济性分析，储能科学与技术，2016

正极：Na-Cu-Fe-Mn-O；负极：软硬复合型碳　　　　　正极：Na₄Fe(CN)₆/C；负极：软硬复合型碳

100A·h Na-Cu-Fe-Mn-O钠离子电池，电芯原材料成本117.9元　　100A·h普鲁士蓝类钠离子电池，电芯原材料成本119.7元

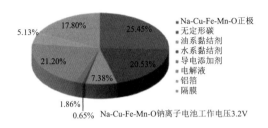

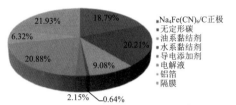

Na-Cu-Fe-Mn-O钠离子电池工作电压3.2V　　　　普鲁士蓝类钠离子电池工作电压3.2V

两种钠离子电池电芯原材料成本0.37元/（W·h）

（c）　　　　　　　　　　　　　　　　（d）

图7.2（续）

但是要注意，钠电的成本要真正低于锂电池，需要技术指标达到我们的需求并在工业化方面整个产业链能形成规模化效应，此时它的成本优势才能真正体现出来。而目前钠电还处于产业化的初级阶段，几条技术路线（普鲁士蓝/白、层状氧化物）展现出来的实际能力比起一些企业和学术论文里展望的最大性能指标期望还是差很多：比如在某公司的技术路线介绍中曾提到该电池能量密度可达160W·h/kg，但是实际上目前我们常常见到的还不到100W·h/kg，功率方面的性能也是差强人意，离我们期望的物美价廉还有些距离。

此外，进入2023年后，电池行业似乎一下进入寒冬，供需形势的急剧变化使得锂价暴跌，而这也极大地影响到了钠离子电池产业发展最基本逻辑——如果锂都便宜了，为什么要费劲开发（在性能本征上总是差锂一截）钠电体系呢？

笔者认为，这不只是对钠离子电池、更是对整个电池行业发展的挑战，也是一个行业成长壮大要走的必经之路。毕竟高歌猛进加大扩张的年景一直持续，对于一个行业才是不太正常的，其他所有行业发展都有潮涨潮落，电池行业又凭什么会例外，可以总是一直繁荣景气呢？只有经过大浪淘沙，行业才会通过竞争淘汰相对落后的企业，有实力的企业才会留下，实现资源整合优化配置，最终使得行业健康发展，整体实力越来越强大。

如果具体针对钠电行业的发展情况，笔者认为核心精神也应该一样：在过去几年中，钠电行业也是有点太热了，很多对电池行业没什么基础的企业都敢冲进来开始做，甚至是一群连锂电都没做过或者做过但都不一定能做好的门外汉企业，竟自信可以搞定难度系数要更上一个台阶的新体系。当然了，不是说新来者

就一定不靠谱，我们还是应该看一看在市场中竞争的结果，相信这一波寒冬后留下的企业会更有生命力，更能把钠电事业推向新的高度。

总体来说，钠电可以从根本上缓解对于锂金属资源的依赖问题，哪怕整体技术定位要低于锂电，其在储能、二轮电动车、电动汽车入门端（比如尺寸比较小的 A00 级车）方面的使用潜力还是一直存在的，而且该技术对于保证锂资源的供需格局平衡也具有国家级的战略意义，所以总是值得持续的关注。

7.8 超级电容器

超级电容器可以说在一定程度上，尤其是在 2010—2018 年是"大新闻"的重灾区（在网络上一搜一大片，在这里就不一一截图列举了），出了很多类似于"充电 X 秒，续航几十千米"的报道。新闻标题常常看着特别唬人，结果点进去一看一般就是实验室做的一个小样品，可能连安时级都达不到。总之，吹牛有点动作走形了。

不过吐槽归吐槽，在这里还是要先说一下这个技术到底是什么。超级电容器（Supercapacitor），本质上是电容器（Capacitor）的一种，因为容量比较大而得名"超级"。与电池靠电化学反应来储能不同，超级电容器是靠材料表面层的物理吸附电荷机理来实现电荷存储的，其本质上反应动力学会非常快，所以功率性能很好，但同时也要注意到这里的储电机理是物理吸附，这就注定了可存储的容量有限，所以指望它能把能量密度做到每千克几十瓦时比较难（常常做到十几就不错了），更不用说达到锂离子动力电池常见的 $200 \sim 300W \cdot h/kg$ 了。

那么问题就来了：电动汽车－动力电池目前最缺的是功率性能（超级电容的强项）吗？明显不是。能量密度的问题超级电容器能帮得上忙吗？明显更不能。所以，看到很多该领域的学术论文在前言中展望超级电容在电动汽车领域中的应用前景时，笔者都常感觉无奈：这就是学术界与工业界互不连通的最典型体现之一，现在谁家的电动汽车（大多数情况下）会用电容器呢，寸土寸金的乘用车底盘放电池都不够用哪有空间放电容器？把和电池性能完全不同的电容器放进系统，让 BMS 去同时管理这两个性能不一样的东西，这不是给系统增加不必要的复杂度吗？

说到这，可能有的朋友觉得我对超级电容器也太苛刻，其实不是的，哪一种技术都有其适合的领域，超级电容器在一些对于体积占用不太敏感又需要特别大的瞬时功率的领域去使用是很适合的，比如电力领域中一些临时的能量回收和释放，以及要对电力系统中波动功率做平滑的地方（这时更强调功率瞬时需求，对体积要求不高，不是特别强调能量密度）。所以说来说去，超级电容器其实本身也是一个很有特色的技术，但我们要做的还是要找准其最适合的使用领域，并针对性地不断改进以发挥其最大能力。人尽其才，物尽其用，不是最好的吗？

||| 7.9 其他技术

总体来说，电池业界有很多技术在研，本书因为篇幅原因也不可能全部穷尽，比如钒液流电池（本质上只适合固定式储能电站，笔者非常不理解为什么之前有人炒作它会上车）；比如燃料电池（这个其实并不是我们主要介绍的可逆充放电的二次电池），而日本硬走乘用车燃料电池的技术路线基本已经被公认是"点错技能树"了，目前业内都把燃料电池上车的主要方向定在了重型商用车方面（长途卡车）；比如铝/双离子电池等，它们本身的技术成熟度还比较低，如果真想上车还是需要参考前面提到的六个维度全面考察一下，并且一定要用工业界的要求视角而不是学术界的标尺来衡量。

所以，其他技术在动力电池领域中要应用，一般来说只会比本章已经介绍到的这些技术更遥远。全世界的学术－工业界其实是一个大的技术整体，目前的世界信息交流和传播很通畅，而在我们的行业中实际的市场需求又非常明显，社会各界尤其是资本对电池技术也是格外地关注。在这样的大时代背景下，很难有大家所期望的情况出现："角落中的遗珠"突然被发现，一下子革命性地改变了一个行业的技术方向，更可能的情景则是：在一个领域中所有人一点点地贡献力量不断解决现有的具体问题，全行业一些关键的性能指标以每年百分之几的幅度缓慢进步，使得该技术的潜力不断释放并逐步趋近极限边界。

对于很多朋友的高期望来说，上述现状更像是一个乏味的故事，听起来如此地按部就班。但这的确是行业同仁共同努力、扎扎实实一步一个脚印得来的技术进步的结果。与此同时，我们也要对每一位在整个电池技术的不同领域和方向中做前沿研究的开拓者们致以敬意，是他们每一个人的努力凝结成的一块块基石才构建起了人类文明的技术大厦，而随着时间的持续，相信每一种技术都会不断进步，而新突破的可能性也将会在这些努力中被孕育出来。

让我们拭目以待。

第8章 写给新人的一点行业入门分享

笔者于 2012 年博士毕业，开始进入锂离子电池工业界工作，在这十年中，曾经在民企、国企、外企工作，也在甲方（整车厂）和乙方（电池厂）及上游（材料厂）经历过，也曾经拜访过许多企业、认识了许多业内的朋友，感谢工作经历给自己带来的成长和收获，也感谢业内诸多同事朋友在我成长道路上给予的帮助和支持。

也是在工作后不久（大概 2013 年开始），基于一些机缘巧合我开始了业余写作，与读者分享一些关于锂离子电池—动力电池行业的观点，感谢读者的支持，逐渐在网络上积累了一些人气，也开始有一些网友来与我咨询和讨论职业生涯发展的问题。他们之中有低年级的学生，也有即将找工作的毕业生，还有工作几年后准备跳槽寻找更多发展可能的年轻人，也有职业发展不太如意、希望能从传统行业跳槽进入动力电池行业的突破寻求者。

笔者认为自己的职业生涯其实也只是一个普通从业者的经历，谈不上有多少高大上的经历，但也许有一些经验和教训可以与各位分享，希望能够给读者以启发，帮助读者在职业生涯中少走弯路。所以，在此写成这一章，综合了个人职业生涯的见闻感悟、与同事和朋友们对行业发展观点认识的总结，以及与很多线上咨询的朋友讨论的内容和体会，在这里都给读者做一个分享。

8.1 写给学生：关于专业课程选择、课题组、兼职实习等问题

向笔者咨询和讨论下一步发展规划的朋友中有相当一部分是在校学生，从低年级（甚至还没分专业）的到高年级准备读博选方向的，再到要毕业实习找工作的都有，在这里先为偏低年级的同学们做一个介绍再提供一些意见建议。

8.1.1 上什么课

低年级的同学很多都是处于本科早期专业划分比较模糊的阶段，他们来问的问题常常是：我想做锂电池 / 我以后希望进入这个行业工作，应该怎么办（学什么专业 / 修什么课程 / 去哪里实习）？学了 X 门课是不是就足够了？如果我没学过 X 课，我之后怎么进入这个方向学习呢？大概都是这种上什么课的问题。

对这些问题笔者要给出第一个整体性的回复就是：锂离子电池—动力电池行业总体来说与一些本科专业是有联系的，比如很多学校近年来开设的"储能科学与技术"专业就是一个代表，但如果非要找一些 100% 严格对应的原则（即上什么课去什么专业以后肯定可以进入这个领域），恐怕就有点难了。

很难给出一个 100% 匹配答案的主要原因：动力电池是一个跨学科的领域。具体来看，电池中的电芯设计主要涉及的是材料和化学背景；测试验证的工种则从电化学到电气专业都有可能做；电池包的力学性能可能与机械工程、力学工程、车辆的专业都有关系但也不绝对；电池回收有可能用到化学、有可能是化工 / 材料；更不用说有时材料系里就会有几个组做不同的电池方向，化工系也常常有很多课题组做着从固态电解质到锂硫电池等不同的领域。通过这些信息就只是想说明一个问题：要学锂离子电池，常常很难对应到一个特定的系 / 专业。有的系里隔壁两组的方向可能就天差地别（笔者读材料博士期间的舍友就是搞稀土催化的，方向差别很大），而两个不同系的人反而可能从事的研究都是锂离子电池，他们才是同行。所以，我们在选学校、院系时常常要做具体调研，哪个院系可能有更多的人在从事这个领域？到底这个院系有多少老师在做这些方向？毕竟一个系里的所有老师全在做锂离子电池这种事还是有点少见的。

再说学习的课程。很多学生都会来问一个问题：我要做锂离子电池，需要看什么书学什么课程？总体来说，如果是化学、化工、材料等偏向于化学的领域从基础知识角度会比较贴近于电芯（材料 / 设计工程师）领域的知识储备要求，此时主要要修的就是物理基础课、化学基础课、电化学原理这些基础通识课，以及在大三左右开始开设的更具体地介绍锂离子电池、动力电池、电动汽车的课程；如果是机械、电气方面的同学可能专业方面会更偏机械—电子的需求，也是先修机械和电气的一些通识课，在大三后再学习更有针对性的动力电池（偏向于系统设计、电控内容）和电动汽车（电动汽车动力系统、整车设计）的相关课程。具体哪些课有需要，笔者给一个建议：去那些在电化学、动力电池、电动汽车的老牌强校的强院系去看相对应的本科课程设置，他们学什么，你参考着学就行。

笔者还想再强调一点，本科学生们常常会有一个思路，即特别需要一个简单的信息：我想进什么专业就需要相应学一些课程，然后就可以走上这条道路了。实际上这个思路对于本科生来说还算基本适用，到了硕博时影响就没有那么大了（笔者特别想强调一点：跨专业转过来读硕博很常见），在工作后这个因素的比重还会进一步削弱到更小。理由很简单：本科时我们对学生的期望就是上课、学习、考试，然后认为你在相应的专业领域具备了基本知识。但是进入硕博后，我们就已经进入了自由探索、发掘和创新知识的新阶段，此时我们每一个人具体研究的方向都常常不会相同，要根据研究的需要不断地灵活探索，自主学习各种新的知识，无论如何也不可能指望之前学的专业课都能满足你新一阶段探索各种新领域的需求。此时大家具体研究的方向可能非常自由、发散，但一旦定下来后就要精深具体，而专业课高度标准化常常只能覆盖最经典的基础知识，这两者之间明显存在一个失配，不可能有人专门来为你提供匹配这种精准个性化的需求，你能依靠的就只有自己努力地探索和学习。

所以你可能想问多学一门课和少学一门课之间的区别，如果不考虑应试程序 / 学分计算这方面的要求（比如得过多少课、得到学分才有资格进一步深造），那我的答案就是：是有区别，但如果没学也没有关系，就自己花时间找资源学。图书馆资源很多，网络上也有很多知识，无论用什么途径学会了就行。工作后就更不用说了，各种专业不对口的学习任务需求基本属于常态：这个事你没干过不会是吧？专业不对口？公司肯定对你的期望不是"我不会没学过没人告诉我"，而是"不会我可以自己想办法学"，要知道，工作后的领导 / 老板对你的期望肯定是"都给你付工钱了我希望你把活给干了，我不希望老听到借口，只希望听到问题是怎么解决的"。因此，在工作后，更不会有人还会在乎你在本科时有没有上过某一门课。

说来说去，人就是活到老学到老，不断磨砺自己前进的。学习的机会有很多，求知的场合也从来都不局限于大学四年的课堂教室，而应该贯穿你的整个人生。笔者特别想把这一点告诉年轻的同学们：未来的路还很长，眼下是要选好课努力学习，但是放长眼光到整个职业生涯及人生旅途，养成主动求知、积极前进探索的习惯才是你最核心的知识、技能和竞争力，这比本科上过的那几节课重要得多。

8.1.2 兼职与实习

再说兼职和实习。很多更高年级的学生已经开始问这个问题了：我怎样才能找到实习机会，怎样能与工业界联系更紧密以为下一步找工作更自然地过渡打基础？其实这一点问得特别好，在这里大家思考的东西已经更明确更有目的性了。兼职和实习，对于我们提前对工业界、职场有一个认知和准备是非常好和有必要的预热环节，笔者也强烈推荐大家有机会一定要去实习，这对于下一步找工作、进入职场基本上是有百利而无一害。如何更方便地找到这样的机会呢？笔者给一个建议的方向：看人的联系，看地理的联系。

看人的联系：你们系里的哪些组是电化学的老牌强组？毕业的师兄师姐在哪些电池企业、车厂工作？如果你去了这样的组，基本上顺着关系就很容易找到和这些企业联系的机会。当然我们也可以依靠自己的优秀简历直接去海投简历来找实习机会，但是请大家记住，无论是在中国还是在外国，只要是有人的地方，就有关系，此时只要有人推荐帮忙搭桥就会比没有要便捷许多。

看地理的联系：企业、工业界常常坐落于一定的地理位置，也会与附近的其他单位发生联系和互相影响，在这里先天就容易产生更多的联系机会。比如你去斯图加特大学，就很容易与坐落于巴登－符腾堡州的奔驰、保时捷等公司发生联系并找到实习的机会，如果你去上学的地方有一个很大的锂电企业（不管是制造还是资源），有很大概率这个学校就已经和这个企业建立了一些关系，你去实习很方便（也不用折腾到另一个城市），毕业后直接过去常常也顺理成章。比如：在长沙上学想留下的同学很容易就往正极材料方向走（中伟、长远、裕能等代表性企业都在长沙），在长三角定居的人在电池、车企方面常常有很多的选择，而福建的同学……你们一定知道我想提哪家企业。因此，在选择发展的学校和城市的时候，也要提前想到就业的可能性，这是一种眼光更为长远的思考问题方式。

8.2　写给教师：工业界需求与学校课程设置间存在脱节，需加强与产业界的交流

笔者也曾经历过博士期间的科研，深知在学校中老师们教书育人并不容易，而且现在各行各业的压力都越来越大，"卷"的压力也在逐渐突出，对于高校老师们也没有例外。经笔者这几年的观察，在锂离子电池的学术研究方面，总体来

说近年来整个学术界已经越来越务实，对工业界的实际需求的理解也越来越深，当然可能还是需要进一步提高。进一步加强学术与工业界的联系对于全社会的研究、技术水平的提高、促进人才的交流、为工业界提供"准备好"了的人才，以及帮助老师们获得更好的合作机会来说，都是很有必要的。

8.2.1 教材和课程设置的优化

要加强学术界与工业界的联系，个人认为首先可以做的一件事还是教材编写与课程设置。行业中有不少的学术教材，总体来说，基础知识方面很详尽，对电化学的详细原理介绍都很成体系，然而问题在于：（1）电动汽车－动力电池行业是一个跨专业的行业，目前可能很难有哪门课可以把这些知识（实际上是多个学科的集大成）更成体系地整理出来让学生全面地学习；（2）即使有这样的课，考虑到电动汽车－动力电池行业发展极为迅速，几年下来技术指标和发展方向会有很大变化，也很难有老师去专门跟进并及时地更新这些课程，而企业中有全局总览这些方向的中高层工程师恐怕也没有时间去给学校的学生做系统地介绍。当然想要改善这几点也并不容易，可能很难直接找到一个"万能"的解决方案，但还是需要想办法打通交流的障碍并促进沟通，这样才能让科研和工业界的沟通更为顺畅。

8.2.2 研究内容实用化

学术界在研究的内容方面也应该多与工业界的实际需求做对接。在前几年，"纳米锂电"可以说已经受到越来越多人的质疑，而且在电池工业界内早已经有很多有识之士在呼吁：电池学术界的研究一定要注意一些实用方向上的问题，否则注定只能发一些貌似漂亮的数据和文章，而对行业技术的发展几乎做不了什么实际贡献。

不仅在工业界大家一直有这样的呼吁，也有不少学术界的人士开始呼吁了，比如有很多学术界人士期望锂离子电池的研究文章至少要注意以下几点：（1）活性物质涂得常常太薄（实际电芯都要求厚涂布）；（2）固态电解质涂得太厚（实际应用需向着隔膜一样的 $10\mu m$ 左右的厚度努力）；（3）电芯做的容量太小（不到 $1A \cdot h$，放大后比如力、安全方面的问题都显现不出来）；（4）做的材料纳米化严重，工艺性能很差，经不起工程放大的考验等。

这些点可以说都是学术界中了解行业研究痛点的人写出来的，所以也希望学术界中的各位研究者们可以多考虑一些更实际的应用因素，在研究中考虑好行业的需求，这样既可以拉近与工业界的联系、找到更多的合作机会，又可以为自己的学生做好培训、让他们在以后的职业生涯中可以无缝地对接到实际工作中去。

8.2.3 产学研优化

最后笔者想提的建议在于产学研的优化。在工作的几年中，笔者看到了很多的研究所和企业：掌门人是名校毕业，团队学历非常好，但是在后面的发展中却常常不太如意。如果说他们背景不好、资源不好、不够努力、不够聪明，个人认为这些说法都不对，那么为什么产学研——孵化企业常常做得不顺利呢？

业内甚至是全中国的各行业中都会有人提到一点：很少能看见学校里的教授出来直接干企业能干好的。为什么呢？个人认为其中一个重要因素是老师常常基于自己在学校管实验室、带学生的思路在运行企业，然而老师和企业家这是两个完全不同的工种。运行企业有自己的逻辑，需要我们懂得企业运营，对人力和组织有很深的理解，对市场要有自己的洞察，而且还要考虑更多的因素而不是只把技术单独一个因素放在中心，更不用说很多学校的研究组本身与工业界联系就不够紧密、对行业技术发展的认识都没有真正到位这样一个巨大的痛点了。

如果是一所学校的实验室直接孵化成了一个企业，尤其是对于电池这样体系复杂、需要多工种协作的行业 / 企业，这就无异于难度极高的挑战：你一定要依靠你的实验室同学作为核心骨干，然而他们很多人连最起码的工业界经验都没有，并不知道其他企业都是怎么运行的，这样直接搭起来的一个企业架构，很容易在发展中陷入近亲繁殖的问题之中，对一个企业的长远发展极其不利。

8.2.4 小结

综上所述，学术界如果可以与工业界加强联络，就可以为工业界输送更好的人才，也能让自己的研究更接地气、显价值，并且尽量解决在产学研方面遇到的水土不服的问题，最终让学术界和工业界互相帮助，携手共同发展和进步。

8.3 "菜鸟"初入工业界：感触体会与方向建议

离开学校，告别象牙塔的生活，进入社会工作，这对于每一个职场人都是必经的一步。大多数人在开始找工作时，常常是茫然无措的：从最基本的简历需要打磨但是无从下手，到疑惑于不同地域、不同性质的企业如何选择，再到不同工种的工程师职位不知如何选择，对于下一步的选择陷入纠结，这些都是常有的状态。一个人在职场中经过多年锤炼之后，才会对这些问题有一个清晰的认识，但往往也避免不了一些弯路和教训。结合个人和周围朋友在动力电池领域中发展的经历，重点聚焦于初入职场的阶段，笔者在这里与大家做一下简单的分享，虽然并不能让大家完全免于弯路，但还是希望能为大家的职业发展提供一些指导和参考。

8.3.1 做好简历，找到一份合适的工作

在网上能搜到很多"如何写好简历"的介绍文章，没有必要在这里花大篇幅介绍应该如何写好简历。毕竟笔者自己也曾经是一名学生，之后又在多个企业工作过也收过很多简历，所以想基于自己的经历来介绍一下对大家简历修改的一点建议。

（1）尽量不要把简历搞得非常花哨，结构简捷规范清楚即可。那些花哨的模板不会给你加分（筛简历的人不会关心这些信息），而且如果结构的花样太过奇怪反而会让用人单位有点疑虑——毕竟锂电企业要招的大部分人都是踏实工作的工程师，一个简历很花哨的人他的状态怎样，是不是适合我招过来干活？

（2）简历不要弄得太长，能短就没必要长。笔者的一般做法都是一页简历（顺序介绍自己不同阶段的经历，每段几句话，要有对自己一些核心亮点 / 竞争力的介绍，比如语言能力、做过的优秀项目、对业内供应商的了解等）。对于学生来说，你能有办法把简历写出来长的，这算是第一步，即你认识到了自己的一些经历和闪光点。第二步就是：把它再写短回去，这是锻炼你总结、提炼、归纳、汇总的能力，哪些信息看似重要，但能浓缩或放入附录页就足够了？哪些信息可能对你自己很重要，但是对方看来不见得有用反而可能有负面影响？哪些信息可能是很被对方看重的闪光点需要重点突出？（比如：我曾在业内的工业界企业实习 / 我曾经和企业合作发表过文章 / 我英语流利具有在专业方面双语工作的能力 / 我有一定的组织协调能力，曾经组织过一些大型的活动，这些都有可能成为你简历中值得重点突出的闪光点）。最后，个人其实更建议简历可以两页化：一页是自己一些最为浓缩的亮点，可以方便用人方第一时间捕捉到你的亮点，而且也会无形中给他一个印象：这个年轻人的总结归纳能力不错，已经超过了同龄人的一般水平；另一页就可以放一些你认为比较重要的证明 / 支持性材料

来支持第一页里的内容，进一步丰富对自己的展示（比如笔者的第二页就一直是一作发表 SCI 论文 + 申请专利的列表，习惯于对自己的学术背景有一个证明，大家也可以根据自己的情况，选择适合自己的第二页内容展示）。

做好简历后，我们就可以进行简历投递、面试等步骤，向我们心仪的企业投出简历，面试，然后看和哪一家企业更有缘分。总体来说，锂电池行业也是制造业，和一般企业招人的套路 / 思路没什么本质区别。不过该行业目前发展比较快，中国的企业在这个领域中的竞争力比较强，而且还会不断发展甚至进一步向海外扩张。所以，大家可以尽管谦虚又自信地展现出自己的优秀一面，有发展追求和需要的企业会需要优秀年轻人的加盟。

8.3.2 Offer 初筛

在过去几年中，笔者的私信箱也会收到各种各样的问题，基本的模板无外乎：收到了两个 Offer（工作机会），一个是 A 地甲厂的 XXX 工种，一个是 B 地乙厂的 YYY 工种，这两个我怎么选呢？其实这种问题很难找到一个普适性的答案，而且同样的 Offer 对于具体情况不同的两个人来说，可能适用性也不一样，因此在这里我只能说几条个人建议的筛选原则。

（1）对于年轻人，地域选择可以适度弱化。毕竟还年轻，有精力去闯闯，在这种时候如果你真的能见到好的 Offer/ 好的待遇，可能比较偏的城市也是值得先去一下的（比如 2014/2015 年宁德时代的各种大招人，很多人都嫌地方偏不愿意去，一直待在那里 / 去那里赌了一把的人很多都实现了个人财富飞涨）。当然，如果你能找到一个 Offer/ 一个发展区域来把生活和工作平衡好，当然特别好（举例：苏南的同学直接在苏锡常工作就不错，这里的电池和汽车产业布局非常集中）。

（2）如果有机会从事电芯 / 电池系统整体设计的工作，可以优先选择，原因很简单：这是最终把所有工种的工作汇总起来的中心枢纽，它可以统揽全局又对每一块的技术都要有明确地认识和理解，对人的要求很高，因此只要好好做，相应地成长进步也会比较快。因为可以和各版块的同事打交道，对了解各方面情况、结识各种同事也很有帮助，从功利的角度看，甚至最后对自己不断晋升、在职场上获得更高的职位也很有帮助。

（3）电池领域中很多工种都很重要，并不是只有整体 / 系统设计的工作才有前途。每个人都可以结合自己的专业背景、兴趣爱好等诸多因素来选择从事的方向，比如机械背景的同学偏向于工艺和设备，电气背景的同学可以多考虑测试、电池系统及 BMS 等职位，是比较容易上手的发展方向。

8.3.3 永远保持求知的心态

永远保持求知的心态，即坚持学习，关心周边的同事及他们的工作，关注行业和企业发展的大方向和大趋势。笔者一直喜欢对前来咨询讨论未来发展的朋友介绍这样一个理念，即没有任何一个人是生来就懂得一门知识的，大家都要在后面的学习 / 实践中不断习得新的知识和技能，如果别人可以学会，你只要觉得这些知识你想要且需要学会，那就应该去学，而不要总是找太多的借口为自己不学习来开脱。

笔者认为对于任何一个行业都是如此：知识都在随着时代的发展不断演化进化，为什么你会有一种想法：终于毕业了，我可以不用再学习了？其实毕业后进入工作才是你人生学习的新篇章，在工作中，很多知识是全新的，学校里的教育常常并没有完全帮你准备好应对这些。但是没有关系，你可以边工作边学习，而且还有工资，尤其是对初入职场的年轻人更要强调一下，个人还是建议读者工作初期要少一点牢骚多一点进取心，以学会知识提高能力和积累经验人脉为主。

学习方面，我们可以坚持跟踪行业的各种知识、技术的发展。以动力电池领域为例，最近五年（2018—2023）间，我们就目睹了行业中诸多技术的迭代演化：比如电芯到系统的高集成度 CTP，比如磷酸铁锂技术的遇冷和重新回暖，比如热失控要求明确化和不断严苛化的趋势。行业的不断发展、技术的不断进步都是新的知识，如果一个人总是想着"工作了就不用学习了 / 这些东西我不懂我希望有人来教我"，这样对于个人的长远发展是很不利的。诚然公司 / 部门应该考虑增加给员工的培训机会，但是请各位不要把这里的一切当作理所应当。如果有人来培训，要珍惜；如果没有，也不要觉得这里就不好，请自己主动学习，利用好身边的所有机会来学习。

比如你可以多跟身边的同事交流，不管是同组的前辈 / 同事们，还是同一个项目组里不同工种的伙伴，都是很好的交流对象。动力电池是一个大的学科，需要跨学科专业的同事们通力合作，没有交流和协作就没有收获，这个过程其实就是最好的学习和锻炼，你可以了解周边工种的工作内容、他们关注的点、你们的衔接应该怎么做，这对你拓宽知识面、积累经验、扩展人脉以为后面职业生涯腾飞打基础是非常有用的。

比如你还可以多关注行业整体的发展动态和趋势。现在资讯非常发达，各种信息可以说唾手可得，而且还有很多的会议、展会等，这些都是你可以了解行业发展情况的信息途径。一个人身处于一个行业，虽然你一开始起步只是一名工程师，但是你可以积极拓展自己的眼界和知识面，对行业有一个更广阔的认识，这可以更好地理解你的行业，站在高处以一个俯视的视角来看自己的领域，对于以后站在更高位去思考部门、企业的发展及个人的道路选择都有很大的益处。你还可以多参观行业内的活动、关注各种技术动态的更新，对技术的发展始终保持一种灵敏的直觉，这对于你理解目前在做的工作、在后面的跳槽找工作时针对性更强同样是大有益处的。

综上所述：我们一定要坚持学习、持续了解更新的知识，坚持与同事交流与行业对接，这样才能更好地认识和理解我们的行业。切忌有那种终于工作了、终于可以不用再天天学习了的想法。

8.3.4 永远牢记：一切都需要团队协作

在学校读书的时候，我们经常可以靠自己的单打独斗来解决问题、拿下高分、得到好的 Offer。但是到了工作中，更为常见的情景就是我们需要更多地和同组的同事、不同部门的朋友甚至是行业中的上下游企业进行协作，这必然是我们工作的常态。哪怕你是做技术的，你也常常不会自己一个人干活，而是需要和其他工种去协调好，因此每一个人都要牢记这一条：团队协作和沟通非常重要。

对于团队协作和沟通的细节，业内有很多的书籍介绍了，笔者在这方面也算不上专家，不在这里做详细展开，只是想结合动力电池行业的特点再强调一下，电池行业的开发工作注定是一个跨学科、多领域交叉的任务，而且时常要做的各种项目又涉及了项目管理和协作中的知识，另外和汽车企业的对接又要求我们对汽车领域的要求有一定的认识。因此，一个庞大的项目组、一个跨专业的项目团队、一个开发起来常会遇见各种领域和多学科中问题的任务对于我们的工作来说其实只是常态，这就要求我们一方面要坚持学习、拓宽知识面，另一方面我们一定要牢记一点：自己的力量总是渺小的，一定要把自己嵌入到团队里，去融合，去为团队做增量，去帮助别人，去向他人学习，这样才能成就集体和项目，才能锻炼个人能力，为以后的不断进步打下良好的基础。

8.3.5 永远思考自己在行业中的位置，不断深化对工作的理解并设计好职业发展的路径

我们要时刻了解行业发展的总体情况、技术发展的整体趋势，这样在审视自己的行业、企业和自己的工作时才能够站得更高，以全局的眼光去更深刻地理解自己的工作。随着个人工作经验的积累，当你认识更多的人，做过更多的项目，对行业发展的理解更深刻的时候，不妨过一阵子就为自己复一下盘：

我现在走在什么轨道上？

我对目前做的工作是不是满意？

能够学到更多的东西吗？

我在这个组进一步发展的上升路径是什么？

是不是转组 / 部门对于我来说是一个好的出路？

是否我在这里的发展已经遇到了瓶颈，需要跳出去寻找新的机会了？

对这些问题，大家可以自己先复盘，然后去与你信得过、更有经验的前辈或朋友来交流讨论。自己一个人的认识常常是片面的，而且在一些瓶颈期会陷入一种"当局者迷"的痛苦状态，很难自己找到症结所在，而不同人从不同角度的观点给出的交流分析，常常可以给出更好的职业发展建议。如果能找到职业经验更丰富的前辈来进行一些交流，这对于拓宽自己的眼界、理解职业生涯目前瓶颈来说会有更好的指引作用。

8.3.6 小结

其实大多数人的职业生涯都要多少走些弯路，即使一个人一开始就收到了各种前辈们给的建议，一直可以发展（起码表面上看起来）得顺风顺水，但可能最后每一个人都要或多或少地遇到些挫折。

所以笔者想说的是，即使你全部接受了以上这些建议，都严格执行了，也不见得能避开所有的不顺利，但这并非是一个很大的问题，世上没有一帆风顺的事，我们怕的也不是挫折，只要我们尽早发现问题、正视问题、积极地寻找出解决的出路，就不怕未来没有光明的出路。

其实有些经验最终还是要靠摔个跟头才能真正地积累得到，靠别人的灌输总是差点意思，总是不能理解透彻。所以最后还是建议：要大胆去闯，但是一定要细心总结体会，这样才能够不断积累经验，越做越好。

▐▌▌ 8.4 "老鸟"想转型进入电池行业：认清自己，寻找机会，适度妥协，坚持学习

前面一节主要针对的是应届毕业生、初入职场时间不太久的人，他们往往可以直接入职电池企业开始工作。而电池行业这几年的不断发展，其实也从周边各行业吸收了很多转行而来的优秀人才，很多有工作经验的人也心仪于电池行业，希望可以得到机会转入。在这里，参考工作后见到的很多转行进入动力电池同事的情况，笔者简单分享一下我的看法。

8.4.1 没有人生来就懂电池，不会就去主动学习，不要总等着"被喂"

笔者博士期间做的也不是电化学，而是无机非金属（结构陶瓷）材料的方向，只是在博五期间有机会去德国访学，在那里开始了自己的电池职业生涯。记得一开始学的时候就感觉：怎么这些术语和知识还得再学一下，好麻烦啊，我以前陶瓷的知识都用不上了！这些学术文章怎么有点难读啊，中文的我都看得有点迷糊，还是陶瓷材料方向好，秒懂！

大家看到没有，其实就和前面对"菜鸟"们的建议一样：没有人生来就懂得一门知识，新入门一个赛道时总是有些挑战和痛苦。如果你想学，要学，那就自己主动去学，不要老是找一堆的借口。当时笔者就努力地去学，去读文章，和朋友交流，时间长了以后自然经验更丰富了，也就上道了。

所以，不管你之前学什么，年龄多大，关键还是要有一颗进取的心。笔者见过本科专业是英语但是自己在工作中积极学习，翻译和讲解电池工艺比专业出身的人更清楚的朋友；也有学新闻的硕士，但是在工作中能积极学习适应需求把物流及锂电池市场分析报告做得条理清楚的年轻人；以及从传统内燃机领域转型过来，但是可以把之前汽车领域的经验用于现在的工作同时又积极学习电池知识的转型者。

不论你的年龄多大、背景如何，想进入一个新的领域，关键还是要有进取的心和勇于迈出第一步的行动，不要总想着等人"喂"，而是要自己积极地迈出第一步。

8.4.2 寻找机会：广义的机遇、人际关系都可能带来机会

这一点就可能略抽象：很多人都曾问过笔者：我想转行，但是不知道机会在哪里。

严格说来如果你不知道，那笔者更不知道——先别急，这不是故意要"挑刺"，毕竟笔者对你自己的情况、你身边的情况、你积累的关系和人脉都不了解，如果你自己都搞不清楚方向在哪儿，别人又如何能告诉你机会在哪里呢？

这句话说得可能有点刺耳，笔者只是想表达：机会归根结底还是要靠自己思考、去发现、去创造、去争取。但是既然问了，笔者还是可以给出一些分析建议：从以下几方面综合分析，看看机会可能在哪里，希望这些讨论对此时可能有些迷茫的你有所启发。

（1）你所处的地域／想去的目标地域是不是有机会？这里涉及了你自己的生活＋人脉问题（你可能更倾向于在某地发展／你自己与某地有一些联系可以帮助你联络到工作机会／为了一些机会敢于去更远的地方去赌）。比如：我是个福建人，是不是去宁德工作就可以很好地顾到家和职业发展？我想去湖南发展（因为我女朋友在那里），那可能机会在正极材料方面要多一些。如果我是个搞内燃机的一直待在北京，总是没有合适的转型机会目前很焦虑未来的出路，然后东莞有家电池企业愿意收我，要不要去赌一把来转型？相信这些信息最清楚的其实是你自己而不是任何外人，你可以综合考虑来判断机会在哪里。

（2）是否存在一个与你现有的工作经历正好可以衔接上的平滑过渡机会？这对于转型来说是最优的。比如当时笔者招项目经理，深知自己不可能招到英语好＋有工作经验＋懂汽车行业＋懂项目管理＋懂电池的人，那这几方面哪一条可以妥协？当然是懂电池，因为我自己就懂，他不会我可以教他，但他其他几方面的能力正好是我所需要的。如果站在他的角度看：正好有一个转型的机会，自己已有背景可以用得上，要转型学电池这里又可以给机会，这就为这位同事以后职业生涯发展提供非常好的转换赛道的机会。

（3）多积累人脉、多了解行业，机会可能就在不经意间来临。大家在工作期间，都会认识更多的各行业的人，一定要扩展自己的交际面，与更多的朋友交流，保持对各种信息和机会的敏感性，可能就在不经意间一个朋友的一个信息、一句话、一次牵线搭桥，就能帮你找到机会，而这对于跨行业转型的人来说常常就是难能可贵的机会。

8.4.3 不要追求完美，渐进到位，分清主要和次要矛盾

最后要说的是：不要在转型的时候过分追求"既要又要"，因为你是要转行，常常你的背景是要弱于竞争者的，此时你就更应该客观地看待自己，不要把期望

调得过高，不要想着这份工作什么都能给你："事少钱多离家近"是不切实际的想象。

笔者工作十年后在业内跳槽过几次，最后的核心感触是：没有十全十美的工作，你自己想清楚这份工作你图的是什么，想好最核心的利益，其他的就要往后排。笔者体会过异乡工作的滋味，有的工作是需要单程开车 40km 通勤的，自己只要想清楚了得与失，明白最想要的是什么，才是最重要的。不要想什么都要，天上不会掉馅饼，世间万物一切皆有代价。

8.5　总结：积跬步以至千里，终身学习受益无穷

在这一章里笔者介绍了很多自己对本科低年级学生、应届毕业生及跨行业转型来动力电池行业工作的人的方向性的建议。对于年轻人，积极参考已有的学习、实习路径，不要把自己局限在几门课里最为重要。初入职场的年轻人在工作中要积极地探索未知，多交流，多协作，一定要用成长的心态看问题，少抱怨，不要总看着工资多点少点就纠结（注意这里不是贩卖鸡汤认为挣钱不重要）。而对于转行的人来说，你自己才最了解自己有什么长处，可以有什么机会，然后要积极地去争取，不要想着找一份面面俱到的完美工作，你的核心诉求在这里是转型而不是其他。

说了这么多，笔者更多的是帮助大家梳理清楚思路，明白方向大概在哪里。要找到机会寻求个人发展的突破，最后还是要靠细致地思考，缜密地分析，积极地探索与争取，需要有强大的执行力，以及对主次矛盾的准确把握。希望这些方向性的建议可以帮助到在彷徨迷茫的朋友们，也祝大家早日转型成功、都能得到自己心仪的工作、开拓自己成功的职业生涯。

第 9 章 结 语

时光飞逝，笔者于 2023 年春节后开始书写本书，近一年的时间，经历一个春夏秋冬，终于完成本书。

动力电池是一个跨学科的知识要求非常综合的行业，笔者也基于自己一路走来不断学习、成长、交流、发现和感悟的历程，给读者分享了一个动力电池知识体系脉络。它可能并不能做到在每一个细节都足够精深，但是可以告诉你大方向和关键要点，以及它的原因和背景是什么；它也并不能把体系中的所有知识都详述到，但可以给你提供一个整体思维框架和一种解决问题的参考思路，并告诉你应该如何站在工程的角度去思考问题，如何在解决问题时去与周边工种协调前进；它也很难直接告诉你上了什么课或者做了什么事情就可以一定找到心仪的工作，但是从一般职场规律方面，再结合动力电池行业发展的特点，本书也给读者分享了一些比较普适性的职业发展参考建议，希望这些更偏向于"渔"的知识比其他的"鱼"能够更好地帮助到每一个希望自己职业发展越来越好的（潜在）行业从业者。

材料与电化学原理是动力电池—锂离子电池技术的基础，如果对这些材料的基本属性和工作原理没有一个客观准确的认知，后面做各种更深一步的分析工作都常常会受制于基础知识的不足，但是我们学习这些基本原理时也一定要与应用场景的需求结合好，尤其是注意工程化方面的需求，"纳米锂电"的研发思路不可取。

电芯结构设计与生产工艺是电芯技术的核心——如何把材料组成一个个单体电芯，这些看起来似乎平平无奇的"黑盒子"实际上最见一家企业的功夫。在这里有太多的工程细节需要去注意，也有太多的看起来并没有那么"高科技"但其实很考验技术的控制因素去总结，恰恰就是这些因素的进步才铸就了中国动力电池行业在过去十年中的腾飞，它来自广大工程师们在这个过程中的奉献和汗水，也是需要我们重点学习和思考的章节。

电池系统设计与集成——动力电池是一门跨专业学科，而在这里把电芯集成一个电池系统，其中要考虑的因素就非常多，它离不开各部门各背景各工种同事的紧密配合，说它是电池开发中的"中轴"一点都不过分。电池技术的进步当然离不开材料与单体电芯技术的迭代演化，但在过去几年中系统层面的各种优秀的创新设计才是我们动力电池行业发展进步的最大推动力，值得我们多体会多思考。

性能与应用场景——我们要把动力电池的关键指标性能与它们的应用场景结合起来看，因为只有在这里我们才能从整车端的实际应用需求出发，去更好地理解每一个物理量有什么更深层次的意义和需求背景，而反过来当我们对电池的每一个物理量及它背后的机理理解更深后才能更好地去指导应用开发，来影响与电池系统对接的动力系统、整车等部门，共同把电动汽车给开发好。

动力电池领域技术上的挑战——本书只代表性地介绍了几种挑战，行业中的技术挑战当然远不止这几个，希望读者在阅读这一部分的时候，参考已有的介绍去思考和体会本章中对每一个技术挑战是如何分析的，在解决应对挑战时哪些周边因素要考虑到，把思维框架做出来，对其背后深层次的物理、化学、力学等方面的机理都要刨根问底，这样才能更好地在以后面对一个个新的挑战时迅速形成自己解决问题的思路，这不管是对于我们在动力电池的工作中迎接挑战还是更广义范围上的解决问题应该都有一些借鉴意义。

各种先进技术——本章中同样介绍的是一些代表性的但是更新更前沿的技术。在这里其实更希望读者在阅读完这一章后，带着印象再去回溯前面几章的内容做更深的思考。基于前面章节对动力电池材料、工艺、系统、技术介绍给出的综合知识背景，笔者认为只有立足工程条件和实际应用角度的需求，才能更好地理解一个新技术的使用前景。因此，我们并不是只针对新技术在"挑刺"，而是客观地告诉大家如果要把一个技术带上实用化的道路，是需要做很多工作、要面对很多方面的挑战的，之前技术解决掉的问题，新技术都应该好好参考做好相应的工作。

写给新人的一点行业入门分享——笔者在这里为在校学生、行业新人、转行进入者提供了工作方面的一些基本注意事项、建议及更为重要的：一种分析问题和思考寻找对策的方法。世上并没有什么"万金油"对策，也不会有别的人总是可以成为我们的"救世主"，毕竟"自渡者方有天渡"。我们不论在工作职场中遇到什么困难，都不要着急，而是要化繁为简，去思考背景是什么，自己的情况怎样，有什么样的机会，走什么样的道路利弊都是什么。世上并无完美的道路，在综合考虑找到阶段性答案后，我们就应该踏实地走下去：少一点抱怨多一点勤奋。此外，一定要抱着永远学习的心态，笔者从来就不相信什么毕业之后就可以再也不用学习了这样的观点，如果你还对你的工作、你的人生有一些向上的追求，请自觉坚持每天思考、学习、成长，这才是你人生真正的"铁饭碗"。

以上，是以更偏感悟的观点与读者就每一章的知识体系做了一个总结，希望大家通过阅读可以构建好自己的动力电池知识体系。当然更欢迎大家来信指出不足和可改进的地方，不断地学习和改进是人类进步的重要途径，我也希望借此书可以启发更多的人，也得到更多的交流和建议，以期望让我自己也在专业能力及写作分享方面可以不断进步，力争以后为大家输出更多更好的作品。

感谢各位的支持。

致　　谢

　　在这里首先要感谢的就是工作单位的同事们和在这些年中遇见的行业同仁们。我从一个十年前并非完全科班出身做电池的博士，成长到今天可以在这里用一本书来与大家做专业方面的科普分享，其间的学习和进步离不开这十余年遇见的每一位专业友人的支持。在这段岁月中，正是与大家在不同工作任务中的讨论、协作、攻关环节中，我逐渐锻炼了自己，对专业的理解认识不断深化；也正是因为有与朋友们的不断交流，让我了解到了世界的广阔、行业发展的迅速，也相应地强化了自己对外输出、讨论的能力，让自己在行业中有了更多的影响力，可以去传播一些观点并有幸得到了一些认可，最终在大家的鼓励支持下形成了这本书。所以，我认为这本书代表的不仅仅是我的观点，更是我多年中在行业里遇见、看见、听见的行业声音的汇总，它来自每一位朋友的支持和输出。与其说我是一位创作者，倒不如说我更像是一个"集大成者"。

　　然后要感谢的就是我的家人，感谢父母在过去这么多年来一直支持我在专业的道路上不断前进，给了我最多的鼓励；更要感谢爱妻雅婷一直以来对我工作、家庭方面的支持，没有我们的携手相伴，我也不会在专业的道路不断顺利地前进，希望我们共同成长，一起成为最好的自己；最后还要感谢我的女儿朵朵，正是你的到来给了我们的家最大的欢乐和希望，希望你可以聪明健康地快乐成长，也希望这一本书可以为你树立一个前进的"小标杆""小目标"，你的人生一定会有很多的精彩等你去探索去创造，你的明天也一定会更美好。

　　最后要感谢的就是我的每一位读者。这十年写作经历一路走来，我的输出得到了很多人的认可，也因此结交了业内的许多朋友。感谢大家的认可和信任，会有朋友前来交流合作，也会有准备找工作、初入职场的年轻人与我交流学习和工作的内容。世界很大，有很多的领域等着我们共同开拓；江湖很小，五湖四海之内皆是兄弟姐妹。希望见字如面，今日可以文字探讨，指点江山，明日终将相见，共话行业发展的美好未来。